新型职业农民培育工程通用教材

果树整形修剪技术

◎ 熊明国　刘立明　主编

中国农业科学技术出版社

图书在版编目（CIP）数据

果树整形修剪技术／熊明国，刘立明主编 . —北京：中国农业科学技术出版社，2017.8

新型职业农民培育工程通用教材

ISBN 978-7-5116-3203-6

Ⅰ.①果…　Ⅱ.①熊…②刘…　Ⅲ.①果树-修剪-技术培训-教材　Ⅳ.①S660.5

中国版本图书馆 CIP 数据核字（2017）第 181665 号

责任编辑	徐　毅
责任校对	马广洋

出 版 者	中国农业科学技术出版社
	北京市中关村南大街 12 号　邮编：100081
电　　话	（010）82106631（编辑室）　（010）82109702（发行部）
	（010）82109709（读者服务部）
传　　真	（010）82106631
网　　址	http://www.castp.cn
经 销 者	各地新华书店
印 刷 者	北京建宏印刷有限公司
开　　本	850mm×1168mm　1/32
印　　张	5.875
字　　数	140 千字
版　　次	2017 年 8 月第 1 版　2020 年 4 月第 5 次印刷
定　　价	23.80 元

前　言

　　果树是多年生作物，自然生长状态下大多树冠高大，冠内枝条密生、紊乱而郁蔽，光照、通风不良，易受病虫为害，生长和结果难以平衡，果品质量低劣，效益低下。

　　果树的整形修剪、土肥水管理以及病虫害防治共同构成果树生产管理的三大方面，果树整形修剪是果树生产管理工作中一项独特的、很重要的技术，是果树提早结果和早期丰产、实现长期壮树、丰产、优质、高效所不可缺少的措施。通过整形修剪有目的地培养坚固的骨架和丰产树形，合理控制树冠大小，使树体结构合理，改善通风透光条件，平衡营养生长和生殖生长，使果树生产达到丰产、优质、低耗、高效的栽培目的。因此，合理的整形修剪是果树进行正常生产的关键技术措施，历来被果树生产者所重视。

　　本书收集了近年来我国果树主要整形修剪技术，对目前常见果树的树形以及整形修剪技术做了详细的介绍，可供广大果农在果树生产管理中选择合适的树形以及整形修剪模式；并详细、具体地介绍了常规整形修剪技术和新技术，简单易学，可操作性强，以满足广大果农对果树整形修剪技术的需求。

编　者
2017 年 5 月

目　　录

第一章　果树修剪基础知识

第一节　果树树体基本结构

果树种类繁多，不仅形态结构差异较大，树体组成差别也较大。但果树都是种子植物，其树体都是由根、茎、叶、花、果实组成。果树树体分地上部和地下部。地上部包括主干和树冠；地下部为根系。地上部和地下部的交接处为根茎（图1-1）。

一、地上部

果树的地上部由树干和树冠组成。

1. 树干

树干是指树体的中轴，分为主干和中心干。主干是指地面到第一分枝之间的部分，中心干是指第一分枝到树顶之间的部分。有些树体有主干，但没有中心干。

2. 树冠

树冠是主干以上由茎反复分枝构成的骨架。树冠有骨干枝、枝组和叶幕组成。

（1）骨干枝。树冠内比较粗大而起骨干作用的永久性枝，称为骨干枝。由于骨干枝的组成、数量和配布的不同，从而形成不同树形结构，这种结构又影响果树受光量和光合效率，是决定果树能否获得优质高产的关键。骨干枝是由中心干、主枝和侧枝三极构成。着生在中心干上永久性骨干枝称为主枝，着生在主枝

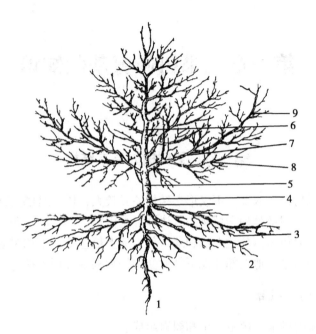

图1-1　乔木果树树体结构

1. 主根；2. 侧根；3. 须根；4. 根茎；5. 主干；6. 中心干；

7. 主枝；8. 侧枝；9. 枝组

上的永久性骨干枝称为侧枝。中心干和各级骨干枝先端的一年生枝称为延长枝。随着果树矮化密植技术的推广，果树的级次也在明显减少。

辅养枝是临时性的枝。在幼树时为了提早结果，利用其上的叶片制造养分，加速幼树生长发育，促使快速整形，成形后根据与骨干枝的发育空间，逐步缩减或改造利用。

（2）枝组。枝组也叫结果枝组，是着生在各级骨干枝上、有2次以上分枝的小枝群，它是构成树冠、叶幕和结果的基本单位。枝组按其体积大小分为大型、中型和小型枝组，按其着生部位分为水平、斜生和下垂枝组。枝组在骨干枝上配置合理与否，直接影响光能利用率的高低，进而决定果树的高产稳产。

枝组和骨干枝是可以互相转化的，加强枝组营养，减少其结果或不结果，就能成为骨干枝；有些骨干枝通过增加结果量或压缩修剪，也能改造成为枝组。

（3）叶幕。叶片在树冠内的集中分布区。叶幕的性状和体积由于果树的树种、品种、树龄、树形和栽植密度而不同。生产上常以叶面积指数（总叶面积/单位土地面积）来表示果树叶面积数量。一般果树的叶面积指数以 3.5~4 比较合适，指数低于 3 时是低的标志，但过高则标明叶幕过厚，树冠内光照不良，叶片的光合能力下降，导致产量下降。

二、果树根系

1. 根系的来源

根系按其来源分为实生根系、茎源根系和根蘖根系（图1-2）。

（1）实生根系。由种子胚根发育形成的根系。特点是主根发达，生命力强，入土较深，对外界环境适应能力强，个体间差异较大。

（2）茎源根系。由母体茎上不定根形成的根系，如葡萄、无花果、石榴等采用扦插、压条繁殖的果树。特点是没有主根，生活力弱，入土较浅，个体间差异较小。

（3）根蘖根系。有的果树根上发生不定芽所形成根蘖苗，与母体分离形成独立个体所形成的根系。如山楂、石榴、枣等采用分株繁殖的果树。其特点与茎源根系相似。

2. 根系的结构

种子的胚根向下垂直生长形成主根。主根分生出侧根，称为一级根，依次再分生出各级侧根，构成全部根系。主根和各级侧

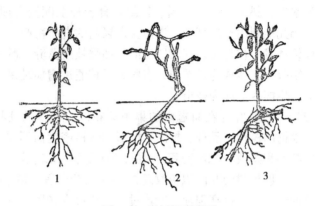

图1-2 果树根系类型

1. 实生根系；2. 茎源根系；3. 根蘖根系

根构成根系的骨架，称为骨干根。骨干根粗而长，色泽深，寿命长，主要起固定、输导和贮藏养分作用。主根和各级侧根上产生的细根，统称为须根。须根细而短，大多在营养期末死亡，未死亡的就发育成骨干根，起输导、合成和吸收养分的作用。

初生根依形态、构造和功能分为生长根和吸收根。生长根是初生结构，白色，生长较快，能分生新的生长根和吸收根，具有分生和吸收的能力。吸收根也是初生结构，白色，具有吸收水分、矿质元素和合成（有机物和部分激素类物质）作用。吸收根数量多，生理活性强，在根系生长旺季，能占根系总量的90%以上。生长根和吸收根的先端密生根毛，能从土壤中吸收水分和营养物质。

3. 根系的分布特点

果树实生根系在土壤中分为2~3层，上层根群角（主根与侧根的夹角）较大，分枝性强，易受地表环境条件和肥水等的影响；下层根群角较小，分枝性弱，受其影响较小。依根系在土壤中的分布与生长方式，可分为水平根和垂直根。与地面近于平行生长的根系称为水平根，与地面近于垂直生长的根系为垂直根。

根系在土壤中的分布与树种、砧木、土壤、栽培管理技术等有关。水平根的分布范围一般为树冠的 1~3 倍，尤以树冠外缘附近较为集中。土壤肥沃、土质黏重时分布较近，瘠薄山地或沙地水平根分布较远。垂直根的分布深度一般小于树高。浅根性果树如桃、杏、李、樱桃、无花果等根系分布较浅；深根性果树如苹果、李、银杏、核桃、柿等根系分布较深；乔化砧的果树比矮化砧的果树分布深而广。

三、芽

芽是叶、枝、花等的原始体，是果树渡过不良环境的临时性器官。芽与种子有相似的特性，具有遗传性，在一定条件下也可以发生变异。

1. 芽的种类

(1) 依芽的性质分为叶芽和花芽。芽内只具有雏梢和叶原基，萌发后形成新梢的称为叶芽。花芽又分为纯花芽和混合花芽，纯花芽只具有花原基，萌发后只开花结果不抽枝长叶，如核果类果树的花芽；混合花芽内具有雏梢、叶原基和花原基，萌发后在新梢上开花，如仁果类、枣、柿等。顶芽是花芽的称为顶花芽，侧芽是花芽的称为腋花芽。

(2) 依芽的位置分为顶芽和侧芽。着生在枝条顶端的芽为顶芽。但柿、杏和板栗等枝梢的顶芽常自行枯死（自剪现象），以侧芽代替顶芽位置，这种顶芽称伪顶芽或假顶芽。其着生在枝条叶腋间的芽为侧芽，也称腋芽。

(3) 依芽在叶腋间的位置和形态分为主芽和副芽。位于叶腋中央而又又最充实的芽为主芽。位于主芽上方或两侧的芽为副芽。副芽的大小、形状和数目因树种而异。核果类果树，副芽在主芽的两侧。仁果类果树，副芽隐藏在主芽基部的芽鳞内，呈休眠状态。核桃树,副芽在主芽的下方。

（4）依同一节上芽的数量分为单芽和复芽。在一个节位上只着生一个明显芽的称单芽,如仁果类。在同一节上着生2个以上明显芽的称为复芽,如核果类。

（5）依芽的生理特点分为早熟性芽、晚熟性芽和潜伏芽。当年形成当年萌发的芽为早熟性芽;当年形成必须等到第二年才能萌发的芽为晚熟性芽;当年形成后在第二年甚至连续数年不萌发的芽为潜伏芽。

2. 芽的特性

（1）芽的异质性。在芽的发育过程中,由于营养状况和外界条件的不同,同一枝条上的芽大小和饱满程度存在差异,这种现象称为芽的异质性。果树修剪上,常利用芽的异质性,选用饱满芽或瘪芽作剪口芽,调节树体的长势。

（2）顶端优势。处于枝条顶端的芽最先萌发,长势最强,向下依次减弱的现象,称为顶端优势。顶端优势的强度与树种、品种、枝条着生的枝势有关。

（3）芽的早熟性和晚熟性。落叶果树新梢上的芽,当年又萌发抽生2次枝或3次枝的现象称为芽的早熟性。具有早熟性芽的树种如桃、葡萄等,一年多次分枝,树冠扩大的快,形成早,幼树进入结果期较早。当年形成的芽当年一般不萌发,要到第二年春才开始萌发,抽生枝条,这种特性称为芽的晚熟性。具有这种特性的树种如苹果、梨等一年只发1次枝,树冠扩展慢,进入结果期较迟（图1-3）。

（4）芽的潜伏性。隐芽寿命的长短,称为芽的潜伏力。隐芽多,寿命长,树体更新容易,如苹果、梨等;反之,隐芽寿命短,更新过迟,树体不易恢复。

（5）萌芽力和成枝力。萌芽力时指枝上所有的芽萌发的能力,用萌发的芽数占枝条总芽数的百分率表示。成枝力是指枝条

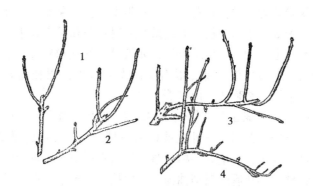

图 1-3　果树的枝势

1. 直立枝；2. 斜生枝；3. 水平枝；4. 下垂枝

上的芽萌发后抽成长枝的能力，用抽生长枝的数量表示。萌芽力和成枝力的强弱与树种、品种有关，还受顶端优势、枝势和树龄的影响。苹果的短枝型和梨的大多数品种萌芽力强而成枝力弱；核果类和葡萄的萌芽力和成枝力均强；杏、柿等则萌芽力和成枝力均弱。熟悉各个树种，品种萌芽力和成枝力的强弱，对整形修剪有重要的作用。萌芽力和成枝力强的树种、品种，宜多疏少截，防止枝条过密，改善光照。而萌芽力强，成枝力弱的树种、品种，容易形成中短枝，应多短截，增加分枝扩大树冠。

四、枝

1. 枝条的种类

（1）依枝条的年龄分生长枝、结果枝和结果母枝。枝条上仅着生叶芽，萌发后只生枝叶不开花结果称为生长枝。生长枝根据生长状况又可分为普通生长枝（生长中等，组织充实）、徒长枝（生长特别旺盛，长而粗，节间长，不充实）和纤弱枝（生长极弱，叶小枝细）。枝条上着生纯花芽或直接结果的为结果枝。

依其年龄分为两类：花芽着生在一年生枝上而果实着生在 2 年生枝上，为 2 年生结果枝，如核果类果树；花和果实着生在当年抽生的新梢上，为一年生结果枝，如板栗、核桃和柿等。结果母枝是指枝条上着生混合芽，混合芽萌发后抽生结果枝而开花结果的，如苹果、梨葡萄、山楂等。

（2）依枝条的年龄分为新梢、一年生枝和多年生枝。当年抽生的枝条，在当年落叶之前称为新梢。按其抽生的季节不同，有春梢、夏梢、秋梢和冬梢。落叶果树春梢明显，夏秋梢的情况表现各异。落叶后的新梢称为一年生枝。一年生枝在春季萌芽后称为 2 年生枝。2 年以上的枝条称为多年生枝。

（3）依枝条抽生的位置分为直立枝、斜生枝、下垂枝和水平枝。生产上常利用枝条的枝势调节树体的生长势（图 1-3）。

2. 枝条的特性

（1）干性和层形。中心干的强弱和维持时间的长短称为干性。中干强，维持时间长者为干性强，反之则弱。干性强弱是由树种、品种的特性决定的，也是确定树形结构的重要依据。干性强的树种如苹果、梨、柿、板栗等多选用有中心干的树形，而干性弱的树种如桃、杏等多选用各种开心形的树体结构。由于顶端优势和芽的异质性，使一年生发育枝的着生部位集中在枝条的先端，中部为中短枝，下部的芽呈休眠状态，这样连年重演，使主干上的主枝成层分布，形成明显的层次，称为层性。一般顶端优势明显，成枝力弱的层性明显。这种特性在幼龄树表现明显，随着树龄的增长逐渐减弱。

（2）生长量和生长。新梢在一年内达到的长度和粗度称为生长量。新梢在年生长周期中，所抽生枝条的长短和壮旺程度。生长量越大、越壮的，生长势越强；生长量越小、越弱的，则生长势也越弱。

第二节　整形修剪概述

一、整形修剪的概念

1. 整形

整形是指根据树体的生物学特性以及当地的自然条件、栽培制度和管理技术，在一定的空间范围内，造成有较大的光合面积，并能担负较高产量，便于管理的合理的树体构型。

2. 修剪

修剪是指根据生长与结果的需要，用以改善光照条件、调节营养分配、转化枝类组成、促进或控制生长发育的手段。一般来说，修剪也包括整形。

整形与修剪结合起来称为果树整形修剪。两者密切相关、互为依存，整形依靠修剪才能达到目的；而修剪只有在合理整形的基础上，才能充分发挥作用。果树整形修剪，是以生态和其他相应农业技术措施为条件，以果树生长发育规律、树种和品种的生物学特性及对各种修剪反应为依据的一项技术措施。因此，它必然要因时、因地、因树种品种和树龄不同而异。必须以良好的肥水条件为基础，以防治病虫作保证，果树整形修剪才能充分发挥作用。

二、整形修剪的意义和作用

整形修剪在果树生产中具有十分重要的意义和作用。一方面，它能使幼树形成牢固、合理的树体骨架，改善树体的通风透光条件，提高负载能力；另一方面，能调节营养生长和生殖生长的关系，使它们保持相对平衡。如抑制幼树营养生长，使其早结果；增强老树生长势，延长结果年限；平衡成树生长势，防止大小年。同时，整形修剪还能减轻果树病虫害，增强抗逆性。

三、修剪的依据

在进行果树整形修剪的时候，除了要熟练掌握基本的修剪方法与反应之外，还应考虑以下各种因素。

1. 树种、品种特性

树种品种特性不同，其整形和修剪方法也不同。如苹果、梨培养成有中心干的分层形；桃、石榴，则常培养成无中心干的开心形或半圆形。另外，它们的修剪方法差异也很大。

2. 树龄、树势

树龄和树势不同，修剪的目的和采用的方法也不同。如幼龄树主要以培养树形为主，而成树则需维持生长与结果的平衡，它们所采用的修剪方法也就不同。树势强的需缓和生长势，树势弱的需增强生长势，各自所用的方法也不同。

3. 自然条件和栽培技术

如气候、土壤、密度、砧木种类、机械化情况、技术水平等不同，所培养的树形和修剪方法也不同。如在瘠薄、干旱的山地果园，树势弱，结果早，为维持树势，应少疏多截。相反，在土壤肥沃的平地果园，果树常常旺长，结果不良，为缓和树势，应少截多疏等。

4. 树体结构

修剪之前还要看该树的骨干枝和枝组的分布是否合理。若有问题，首先加以调节，然后再进行细致的修剪。

另外，还要知道修剪的轻重对生长势的影响。对冬季修剪来说，一般轻修剪即为缓势修剪，重修剪为增势修剪；夏季修剪的轻重对生长势的影响和冬季相反。再者，不同树种、品种对修剪反应的程度差别叫修剪反应的敏感性。修剪稍重，树势转旺；稍轻，树势又易衰弱，为修剪反应敏感性强。反之，修剪轻重虽有

所差别，但反应差别却不十分显著，为修剪反应敏感性弱。元帅
苹果属于修剪反应敏感品种，修剪要适度，宜进行轻度修剪；而
金冠苹果则属于修剪反应敏感性弱的品种，修剪程度较易掌握。
修剪反应的敏感性与气候条件、树龄和栽培管理水平也有关系。
西北高原，气候冷凉，昼夜温差大，修剪反应敏感性弱。一般幼
树反应较强，随着树龄增大而逐步减弱。土壤肥沃、肥水充足，
反应较强；土壤瘠薄，肥水不足，反应就弱。

四、整形修剪的时期

果树整形修剪的时间，一般分为冬季修剪（休眠期修剪）
和夏季修剪（生长期修剪）。

冬季修剪是从落叶到来年萌发前所进行的修剪，即 12 月至
翌年 2 月进行。但不同的树种、树龄、树势应区别对待，成树、
弱树不宜过早或过晚，一般在大的严寒过后至来年树液流动前进
行，以免消耗养分和削弱树势；幼树、旺树可提早或延迟修剪，
即落叶前后或萌发前后进行，人为造成养分消耗，缓和生长势；
发芽早伤流重的要早剪，如柿子、葡萄、核桃、桃、杏等；髓部
大易失水的应晚剪，如无花果等。

夏季修剪，又称生长期修剪，包括春、夏、秋三季，但以夏
季调节作用最大，且和冬季修剪相对应，因此，称夏季修剪。它
具有损伤小、效果好、主动性强、缓势作用明显等特点。夏季修
剪对提早幼树结果和缓势生长尤为重要。

总体来说，冬季修剪由于减少了春季养分回流后的分散部
位，使养分集中，促进剩余部位的生长，因此，有增势作用；而
夏季修剪减少了光合器官叶片，降低了树体营养水平，缓和生长
势，有利于促进幼树、旺树的成花。所以，有"冬剪长树，夏剪
成花"之说。

第三节　整形修剪的生物学基础

一、枝、芽特性与修剪

修剪直接作用于枝和芽，因此，了解其特性是整形修剪的重要依据。

1. 芽异质性

剪口下需发壮枝可在饱满芽处短截；需要削弱时，则在春、秋梢交接处或一年生枝基部瘪芽处短截。夏季修剪中的摘心、拿枝等方法，也能改善部分芽的质量。

2. 芽早熟性

具有芽早熟性的树种，利用其一年能发生多次副梢的特点，可通过夏季修剪加速整形、增加枝量和早果丰产。一些不具有芽早熟性的树种如苹果等，通过适时摘心、涂抹发枝素，也能促进新梢侧芽当年萌发增加枝量。

3. 萌芽率和成枝力

萌芽率低、成枝力强的树种和品种，长枝多，整形选枝容易，但树冠形成慢，修剪应中应注意适度短截，增加枝叶量。而萌芽率高和成枝力弱的则容易形成大量中、短枝，结果早，如短枝型苹果和鸭梨。修剪中，应注意少短截，适当中短截，以利于增加长枝数量，降低枝条密度。

4. 顶端优势

顶端优势强的直立枝，通过增大枝角，顶端优势变弱，枝条弯曲下垂时，处于弯曲顶部处发枝最强，表现出优势的转移。为保持顶端优势，要用强枝壮芽带头，使其保持相对较为直立的状态，否则，可加大枝角，用弱枝弱芽带头，还可用延迟修剪削弱顶端优势，促进侧芽萌发。

5. 干性与层性

干性强的树种和品种，如苹果、梨和甜樱桃中的大多数品种，适宜建造有中心干的树形；桃、杏等干性弱的，则适宜建造无中心干或开心的树形。但是否要保留中心干，有时还需要通过具体的栽培情况来定，如为了提高品质，苹果也可采用开心形，密植条件下的桃树也可采用有中心干树形。另外，层性明显的树种，宜采用分层形，但矮密栽培时，也可不分层（如纺锤形）。

二、结果习性与修剪

修剪是果树栽培的重要手段，而结果习性是修剪的重要依据，目的是获取高产优质的果实。

1. 花芽形成时间

促进花芽形成是夏季修剪的重要任务之一。李天红等（1992）在北京观察，盛果初期红富士苹果花芽孕育期是 6 月初至 7 月上旬，环剥、扭梢等促花措施的适宜处理时间是 5 月中下至 6 月中旬，在花孕育期前至孕育盛期进行，否则，效果较差。

2. 结果枝类型

不同树种、品种，其主要结果枝类型不同。元帅系苹果品种多为短果枝；南方品种群的桃，多以长、中果枝结果为主；而北方品种群桃多以短果枝和花束状果枝结果为主；樱桃、李多以花束状果枝为主。修剪应以有利形成最佳果枝类型为原则。以短果枝和花束状果枝结果为主，修剪应以疏放为主；以长、中果枝结果为主，则多采用短截修剪；长、中、短果枝结果均好的树种和品种，修剪上比较容易掌握。但同一树种或品种在不同地区的表现不同，应多加注意。

3. 连续结果能力

结果枝上当年发出枝条持续形成花芽的能力，称为连续结果能力。葡萄和桃当年较易形成花芽，不易出现大小年。苹果和梨则看果台副梢成花情况，如秦冠、金冠等苹果品种和鸭梨有一定的连续结果能力，修剪时，可适当少留一些花芽；富士苹果、雪花梨等连续结果能力较差，修剪时，要适当多留一些花芽。这样才能克服大小年，有利于生产优质果品，提高经济效益。

4. 最佳结果母枝年龄

多数果树结果母枝最佳年龄段为 2~5 年生，但不同树种会有所差异。枝龄过老不仅结果能力差而且果实品质也会下降，所以，修剪时，要注意及时更新，不断培养新的结果母枝。

第四节　果树修剪注意问题

修剪方法很多，作用及其反应也有所不同，相同的修剪方法也会因修剪对象、修剪程度以及立地条件的不同而产生不同的修剪效果。所以，为达到整形修剪的目的，单纯采用一种剪法，是难于解决整形修剪中的复杂要求，而应根据具体果园、树种、品种、树势的实际修剪反应，正确综合采用不同修剪方法，达到取长补短，以便获取最佳的修剪效果，同时，还应与其他农业技术措施相配合。

1. 正确判断是制定合理修剪措施的前提

一个果园或一株树应如何修剪，除需了解果园的立地条件、肥水管理、技术水平等基本情况外，还应对树体全面情况进行调查和观察，如树体结构、树势、枝量和花芽等。树体结构方面要注意骨干枝的配置、角度、数量和分布是否合理；树冠高度、冠径和冠形；行株间隔与交接情况；通风透光是否良好等。在观察树势方面，一是判断总体的强弱；二是局部之间长势是否均衡，长、中、短枝比例是否合理；三是花芽的数量及质量状况等。根据调查结果，抓住主要矛盾，因地、因树制定出综合修剪技术方案。

2. 修剪技术的综合运用必须考虑修剪的综合反应

修剪具有双重作用，各种修剪方法的反应既有积极作用的一面，也有消极作用的一面。如短截修剪，对促进局部营养生长有利，对树体或母枝会有削弱作用，也不利于成花。疏剪长放有利缓和树势、成花结果、改善通风透光条件作用，但大量长期应用会使树体衰老。如果不同剪法其作用性质相同，其反应将得到加强，如对缩剪后留下的壮枝再行短截，其局部刺激作用会增强；将枝拉平后再配合多道环切，萌芽率会更高，削弱生长势更强。如果不同修剪方法作用性质相反，就会相互削弱。如在拉枝上端又疏除大枝，由于伤口对其下枝生长有促进作用，使拉枝的缓势作用受到削弱。因此，合理的修剪技术是多种修剪方法修剪相配合，才能使积极作用得到最大程度的发挥，消极作用得到适当的克服。

3. 树体反应是检验修剪是否正确的客观标准

多年生果树本身是一个客观的"自身记录器"，能将各种修剪方法及其反应较长期保留在树体上，这是树体自身和当地各种因素综合作用的结果。所以，调查和观察树体历年（尤其是近1～2年）的修剪反应，可明确判断以前修剪方法是否正确，并做适当修正，使修剪趋于合理，真正做到因地因树修剪，发挥修剪应有的效果。

4. 修剪与花果管理相辅相成

修剪和花果管理都直接对产量和质量起调节作用，修剪可起"粗调"作用，花果管理则起"细调"作用，两者配合调节才能获得优质、高产和稳产的效果。在花芽少的年份，冬剪尽量多留花芽，夏剪促进坐果，如再配合花期人工授粉、喷施植物生长调节剂或硼等营养元素，效果更为明显。在花芽多的年份，修剪虽然可剪去部分花芽，但由于种种原因，花芽仍然保留偏多，因此，还必须疏花疏果，才能有效克服大小年。花果管理与合理修剪，在解决大小年问题和促进果树优质丰产方面，是缺一不可的。

5. 修剪必须与其他农业技术措施相配合

修剪是果树综合管理中的重要技术措施之一，只有在良好的综合管理基础上，修剪才能充分发挥作用。优种优砧是根本，良好的土、肥、水管理是基础，防治病虫是保证，离开这些综合措施，单靠修剪是生产不出优质高产的果品的。个别地区过去曾流行过"一把剪子定乾坤"的说法，片面夸大了整形修剪的作用，是不正确的。反之，认为只要其他农业技术措施搞好了，果树就不用修剪，也是不全面的，其他农业技术措施也代替不了修剪的作用和效果。

第二章 果树修剪基本方法

第一节 冬季修剪的方法

修剪是用来调节生长势的。因此，应首先明确影响生长势的3个因子：枝、芽的着生方位，先端优势，芽的异质性。同时，还要注意，是需要增强生长势，扩大树冠，填补空间，还是缓势结果，或是用作预备枝等。只有明确了这些，才能采取相应措施，达到修剪目的。

冬季修剪的方法及反应

1. 短截

短截指剪去一年生枝条的一部分的方法，它能促进侧芽的萌发，增加分枝数目，保持健壮树势，其具体反应随短截程度不同而异（图2-1）。

（1）轻短截。只剪去一少部分，一般剪去枝条的1/4~1/3。截后能形成较多的中、短枝，缓和枝势，促进花芽形成。

（2）中短截。在枝条中上部饱满芽处短截，一般剪去枝条的1/3~1/2，截后形成较多的中、长枝，成枝力高，生长势强，促进枝条生长，一般多用于各级骨干枝的延长枝或枝组复壮。

（3）重短截。在枝条中下部短截，一般剪去枝条的2/3~3/4。截后能发出1~2个旺枝及少量中、短枝，有增强局部枝条营养生长作用，一般多用于培养枝组，改造徒长枝和竞争枝。

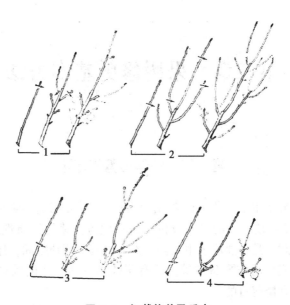

图 2-1　短截修剪及反应

1. 轻短截；2. 中短截；3. 重短截；4. 极重短截

（4）极重短截。在枝条基部留几个瘪芽短截。可以强烈地削弱生长势和总生长量，既不利于生长，也不利于花芽形成。但可以降低枝位，缓和树势，多用于对竞争枝和背上枝的处理，形成小型枝组。

2. 缓放

缓放又称长放、甩放，指对一年生枝条不作任何处理，任其自然生长的方法。对中庸树的平生、斜生的中庸枝缓放，易发生中、短枝，有利于花芽形成；而对直立生长的强旺枝缓放后，易形成光腿枝和"树上长树"现象，因此，必须配合拿枝、夏剪等措施控制其生长势。所以，缓放多用于中庸枝。

3. 回缩

回缩又称缩剪，是对多年生枝短截的方法。缩剪能起到复壮后部、调节光照的作用。缩剪的复壮作用，常用于骨干枝、枝组或者树体的复壮更新上。如用于下垂枝组、冗长枝组的复壮；交叉枝组、并生枝组的空间调节以及枝头的改换等。另外，缩剪对剪口后部的枝条生长和潜伏芽的萌发有促进作用，具体反应与缩剪程度、留枝强弱有关。如缩剪留强枝，缩剪适度，可促进剪口后部枝芽生长；过重则可抑制生长（图2-1）。

4. 疏枝

疏枝是将枝条从基部剪去，不留枝橛的修剪方法。如疏去过密枝、并生枝、交叉枝、内生枝、病虫枝、徒长枝等。能起到调节生长势、改善光照、增加养分积累的作用。疏枝反应特点是对伤口上部枝芽有削弱作用，对下部枝芽有促进作用，疏剪枝越粗，距伤口越近，作用越明显。

另外，还有缓和生长势，促进成花的拉枝、拧枝、圈枝以及跑单条、抓小辫等修剪方法。它们都能起到缓和生长势、改善通风透光条件的作用。

第二节 夏季修剪的方法与反应

1. 目伤

在芽萌发之前，在芽的上方或下方横割皮层深达木质部，用以促进或控制发枝的一种方法。它能加速整形，培养枝组，促进成花（图2-2）。

2. 开张枝角

开张枝角指通过拉、撑、坠、压等方法加大枝条角度，缓和生长势，改善透光条件，促进花芽形成，提高坐果率，增进果实品质的一种方法。这种方法多于生长期进行，可以减少背上旺枝的形成（图2-3）。

图 2-2 目伤

图 2-3 开张角度

3. 摘心

在生长期内摘除枝条顶端幼嫩部分的方法。适度摘心，可促进分枝，加速整形，缓和树势，促进成花。对果台副梢摘心，能提高坐果率。寒冷地区，轻摘、晚摘能使枝条充实，增强抗寒性（图 2-4）。

4. 扭梢

在新梢基部处于半木质化时，用手捏住生长旺盛新梢的基部，

图 2-4 摘心

将其扭转180°，使其倒转的一种方法。它能阻碍养分输出，缓和生长势，促进花芽分化。调查表明，扭梢的成花率可达 30.4%~66.7%。据河北果树研究所（1977）对 10 年生金冠苹果树进行扭梢试验，结果表明枝梢淀粉积累增加，全氮含量减少，有促进花芽形成的作用（图 2-5）。

图 2-5 扭梢

5. 拿枝

拿枝亦称捋枝。在新梢生长期用手从基部到顶部逐步使其弯曲，伤及木质部，响而不折。在苹果春梢停长时拿枝，有利旺梢停长和减弱秋梢生长势，形成较多副梢，有利形成花芽。秋梢开始生长时拿枝，减弱秋梢生长，形成少量副梢和腋花芽。秋梢停长后拿枝，能显著提高翌年萌芽率（图 2-6）。

图 2-6　拿枝

6. 环剥

将枝、干的韧皮部剥去一圈的方法。环割、倒贴皮都属于这一类。由于植物体内有机物质，虽能沿着任何组织的活细胞向任何方向转移，但速度很慢，只有韧皮部才是有机物质沿着整个植物长距离上下运输的主要通道。此外，韧皮部也负担一部分矿质元素运输。环剥极大地减缓了有机物质向下运输，促进地上部分碳水化合物的积累，生长素、赤霉素含量下降（许明宪，1983），乙烯、脱落酸、细胞分裂素增多，同时，也阻碍水和矿物质向上运输。因此，环剥具有抑制营养生长、促进花芽分化、提高坐果率和果实品质的作用，对下部也能起到促进发枝的作用（图 2-7）。

正确使用这种方法还需掌握以下几点：①使用的对象：应是

图 2-7　环剥

旺枝、旺树；促进成花时，上部应有较多短枝。②操作的位置：控制全树的，应在主干的中上部进行；控制大枝的，在靠近基部进行；控制临时性枝的，要看后部有无空间。若有，则在需发枝的上部进行；若无，则在枝的基部进行。③环剥的宽度：以该部位直径的 1/10~1/8 为标准。④环剥时间：因目的而不同，提高坐果率于花期进行；促进花芽分化的，在花芽分化临界期进行。⑤环剥后伤口不得涂药，以免破坏形成层，致使愈合困难，造成死树，可用塑料布包扎。若叶片发黄属正常现象，可喷 2~3 次尿素调节。若花量过大，应注意疏花疏果。

　　另外，夏季常用的还有疏枝、折伤等修剪方法。

第三章 果树主要树形和修剪技术的综合运用

第一节 果树主要树形

果树生产中，仁果类多采用疏散分层形及其类似的树形，核果类常采用开心形，蔓性果树则以棚架或篱架形为主。随着果园矮化密植的发展，树形变化很大，应用较多的有纺锤形、树篱形、圆柱形和无骨干形等。目前，随着栽培密度的增加，树形变化的趋势是，树冠由大变小，树体结构由复杂变简单，骨干枝由多变少。现将常用部分树形介绍如下。

1. 有中心干形

（1）疏散分层形。主枝5~7个，在中心干上分2~3层排列，一层3个，二层2~3个，三层1~2个，各层主枝间有较大的层间距，此形符合果树生长分层的特性。是苹果、梨等树种上常采用的大、中冠树形。该树形为了改善光照条件和限制树高，成年后顶部多进行落头开心，减少层次，如二层5个主枝延迟开心形（图3-1）。

（2）纺锤形。树高2.5~3m，冠径3m左右，在中心干四周培养多数短于1.5m的近水平主枝，不分层，下长上短。适于发枝多、树冠开张、生长不旺的果树，修剪轻结果早。纺锤形应用于矮化或半矮化砧的苹果时，由于根系浅，需立支柱、架线和缚枝。

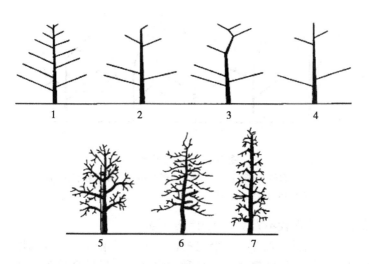

图 3-1　有中心干树形

1. 主干形；2 疏散分层形；3. 基部三主枝小弯曲半圆形；4. 十字形；

5. 纺锤形；6. 细纺锤形；7. 圆柱形

（3）圆柱形。与纺锤形树体结构相似，其特点是在中心干上直接着生枝组，上下冠径差别不大，适用于高度密植栽培。欧洲目前用于矮化和易结果的苹果砧穗组合，如 M9 砧的金冠，但需要立支柱、架线和缚枝。

2. 无中心干形

（1）自然圆头形。主干在一定高度剪截后，任其自然分枝，疏除过多主枝，自然形成圆头。此形修剪轻，树冠形成快，造型容易。缺点是内部光照较差，树冠内有一定的无效体积。此形适用于柑橘等常绿果树（图 3-2）。

（2）多主枝自然形。自主干分生主枝 4~6 个，主枝直线延长，根据树冠大小，培养若干侧枝。此形构成容易，树冠形成快，早期产量高。缺点是树冠上部生长壮，下部易光秃，树冠较

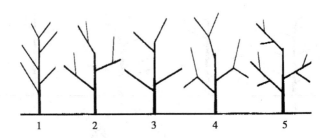

图 3-2 无中心干树形

1. 自然圆头形；2. 主枝开心圆头形；3. 多主枝自然形；

4. 自然杯状形；5. 自然开心形

高而密，管理较不方便。常用于核果类。

（3）自然开心形。3 个主枝在主干上错落着生，直线延伸，主枝两侧培养较壮侧枝，充分利用空间。此形符合桃等干性弱、喜光性强的树种，树冠开心，光照好，容易获得优质果品。缺点是初期基本主枝少，早期产量低些。梨和苹果上也有应用，同样有利生产优质果实。

3. 篱架形

（1）棕榈叶形。树形种类较多，但其基本结构是中心干上沿行向直立平面分布 6~8 个主枝。目前应用较多的是斜脉式、扇状棕榈叶形。前者在中心干上配置斜生主枝 6~8 个，树篱横断面呈三角形，后者无中心干，骨干枝顺行向自由分布在一个垂直面上。有的可以分叉，成为扇形分布（图 3-3）。

（2）"Y"型。"Y"型又名塔图拉形（Tatura）。篱架行向南北，每株仅两个骨干枝，分向东西成"Y"形，与地面成 60°夹角。一般株距 0.75~1m，行距 4.5~6m，每亩（1 亩 ≈ 667m^2。全书同）111~200 株。用于桃、梨和苹果。

4. 棚架形

主要用于蔓性果树如葡萄、猕猴桃。常见的如扇形（图 3-4）

（1）棕榈叶形

（2）Y形

图3-3 篱架树形

和龙干形（图3-5）但在日本梨栽培中，为防御台风和提高品质也多采用。

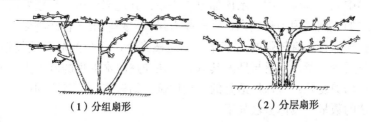

（1）分组扇形　　　　　　　　（2）分层扇形

图3-4 多主蔓规则扇形

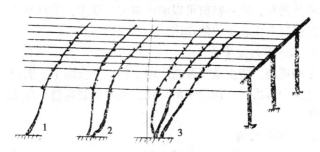

图3-5 龙干整枝

1. 一条龙；2. 二条龙；3. 三条龙

第二节　修剪技术的综合运用

一、调节生长势

生长势是指树体总的生长状态，包括枝条的长度、粗度，各类枝的比例、花芽的数量和质量等。不同树势其枝条生长状态不同，不同枝类的比例则是一个常用指标。长枝所占比例过大，表示树势旺盛，否则，表示树势衰弱。如苹果和梨的盛果期树：长枝占 10%～30%、中短枝占 70%～90% 较为合适，而且各类枝在树冠中分布比较均匀，一般外围长枝比例要大些，但如分布过分集中某一部位，则表示该部位长势强，其他部位弱。长枝要占一定的比例是因为长枝光合生产能力强，向外输出光合产物多，对整株的营养有较强的调节作用；短枝光合产物分配局部性较强，外运少。所以，盛果期及其以后，在加强肥水管理的基础上，通过修剪复壮，应保持适宜的长枝比例；幼树则应注意增加中、短枝的数量。具体方法如下。

1. 从修剪时期看

冬重夏轻，隆冬修剪可以增强树势。反之，冬轻夏重，提早或延迟修剪有缓和树势的作用。

2. 从修剪的方法看

冬季重剪，特别是短截的应用，在一个枝组中去弱留强，去平留直，少留果枝，顶端不留果枝，可以增强树势；反之，可以缓和树势。

3. 从树体结构看

培养乔化的树体结构，减少枝干（减少过密枝），枝轴直线延伸，抬高枝位和芽位，可以增强树势；反之，则缓和树势。

4. 从各部位之间的相互关系看

加强一部位的生长可以缓和另一部位的生长，这也是调节偏体树以及地下部与地上部关系的理论依据。

5. 还应注意生长调节剂的应用

在调节果树生长势的过程中，生长调节剂起着相当大的作用。如 GA_3、NAA、2,4-D 等能增强生长势；PP_{333}、CCC、B_9等可缓和生长势。

二、调节枝条角度

1. 加大枝角

通过拉、撑、坠、拿等外力来加大枝角；也可以在修剪时留开张的枝和芽来开角，如背后枝换头，外向芽作剪口芽等。同时，利用上部枝叶遮阴和叶果自身重量能开张枝角，如长放结果，里芽外蹬和延迟开心的应用等（图3-6）。

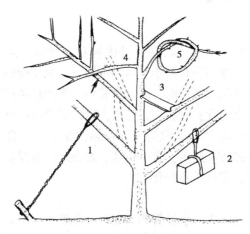

图3-6　调节枝条角度

1. 拉枝；2. 坠枝；3. 撑枝；4. 利用活枝柱撑枝；5. 圈枝

2. 缩小枝角

采用作用相反的措施，如吊枝、背上枝换头，向上的枝、芽作剪口枝芽，枝顶不留果等都可缩小枝角。

三、调节枝条密度

1. 增加密度

一方面要尽量保留和利用已抽生的枝条，如竞争枝、徒长枝等；另一方面采用促进发枝的修剪方法，如短截、目伤、摘心和延迟修剪等；也可以利用生长调节剂，如细胞分裂素、整形素和化学摘心剂等。

2. 减小密度

可通过疏枝、长放，加大分枝角度，并少用刺激发枝的修剪方法来减小枝梢密度。

四、调节花量

1. 增加花量

在生产中，幼树、旺树、过密树和大年树，由于营养消耗大，积累少，花芽分化量小，需增加花量。其中幼树、旺树，要在保持其壮旺生长的同时，缓和生长势，增加枝梢密度和养分积累，促进花芽分化；过密树，则需要通过疏除过密枝，改善光照条件，减少营养消耗、增加养分积累，促进花芽分化；对大年树，只能通过疏花疏果，合理负载，加强水肥和保护好叶片以增加营养积累，促进花芽分化。

2. 减少花量

老树、弱树由于生长势弱，花芽分化量大，需减少花量，复壮树势。可通过冬重夏轻，多短截；疏花疏果，合理负载等方法以增强树势，减少花量。

五、枝组的培养

1. 枝组的类型

枝组以含有枝条的多少来分：小型枝组（3~5个分枝），中型枝组（5~15个分枝）和大型枝组（15个分枝以上）。以枝组中枝轴的多少，可分为单轴枝组和多轴枝组两类。

2. 枝组间及枝组与骨干枝之间的关系

枝组之间根据空间的有无及位置是否合理，通过修剪可以相互转换。枝组与骨干枝的关系是，枝组应为骨干枝让路，骨干枝为枝组的生长提供合理的空间。

3. 枝组的配备

在骨干枝上，枝组应上下左右互生，各类枝组互相搭配；大枝组先占空间，小枝组填补插空，使整体上呈波浪状；而且在主枝上，背上宜小，侧下宜大，前部宜小，中部宜大，后部宜中的原则配备，使整个主枝呈菱形。

4. 枝组的培养

培养枝组的方法很多，如先放后缩法，先重后轻法，短枝型培养法等，但具体的培养方法应根据空间的大小和枝组配置的情况来确定。如空间大的主枝两侧，需配置大型枝组，可通过先重后轻法培养，即先重截增加分枝，填补空间，再缓势以促进结果。对空间小的插空枝组，可先缓放，促进结果，再回缩使后部形成中小型枝组。对主枝的背上枝，可采用极重短截的方法培养小型枝组。

5. 枝组长势的维持与更新

（1）生产上要维持枝组生长势的中庸，要求在枝组中：中长枝占25%~30%，中短枝占70%~75%，新梢平均长度20~40cm，外围新梢平均长度60cm，初结果树外围新梢平均长度在80cm。

（2）不同树龄和树势培养枝组的类型不同。初结果树培养水平或下垂的中小型枝组；盛果期树培养直立的大型枝组；衰老树培养直立的小型枝组。

（3）枝组的更新常采用三套枝更新法，即营养枝、预备枝和结果枝在一个枝组中轮替更新结果的方法。

第四章　苹　果

第一节　苹果生长结果习性

一、生长习性

在正常栽培条件下，苹果树的经济寿命是乔化砧树一般40～50年，矮化密植园20～30年。树体的大小因品种、砧木及立地条件的不同而有较大差异，乔化树一般高5～7m，矮化树一般高2～4m；普通品种树体高大，短枝型品种树体矮小；在肥沃的平原上树体高大，在山岭薄地树体矮小。

苹果的新梢在一年中有2次明显的生长，春季生长的部分称春梢，夏秋延长生长的部分称秋梢，春梢、秋梢的交界处形成明显的盲节。缺少灌溉条件的春旱秋涝地区和高温高湿的平原地区，春梢短秋梢长，且生长不充实，结果少。盛果期以后，新梢一年常常只有一次春季生长，没有秋梢。对幼树、旺树加强春季水肥管理，促进春梢生长，缓和秋梢生长，能增加营养积累，促进花芽分化。

苹果树的根系生长比地上部的发芽要早，一般提前1个月左右。当土温达3℃时，即开始生长，20～24℃为最适温度，低于3℃或高于30℃时即停止生长。在一年中，根系有2～3次生长高峰（成树2次，幼树多为3次)，并与地上部枝叶的迅速生长期交替进行。

二、结果习性

苹果幼树开始结果的早晚，取决于砧木、品种以及栽培技术的不同。嫁接在矮化砧上的2~3年就能结果，而嫁接在乔化砧上的一般4~6年才能结果；同在乔化砧上，短枝型品种2~3年就能结果，长枝型品种5年左右结果；栽培技术水平高的，乔化树3~4年即可结果，技术水平差的许多年才能结果。

苹果的花芽是混合芽，从花芽着生的枝条类型可分为短果枝、中果枝、长果枝和腋花芽果枝。苹果的品种不同、树龄不同，主要结果枝的类型也不同。富士、金冠以中、长果枝结果为主，新红星以短果枝为主；同一品种，幼龄树中长果枝多，成树少。腋花芽在幼树早结果方面有一定的利用价值。

苹果的花芽萌发后，先抽生一段短梢，再于梢顶着生5~6朵花，中心花先开，并发育成较大的果实。着生果柄的短梢顶部膨大称果台，果台上常于当年抽生1~2个果台副梢，此副梢很容易分化花芽，形成连续结果或间歇结果的现象。

苹果的果枝在树体中的分布，依树龄而有明显的不同。结果初期，果枝主要集中在树冠中下部的骨干枝及辅养枝上结果；进入盛果期后，果枝主要转移到枝组上，并布满全树上下、内外的各个部位结果。但枝叶量过大、光照不良时，结果部位则上移、外移，造成树冠内部光秃。因此，修剪时要及时调节树体结构和枝梢密度，改善通风透光条件，促进立体结果。

第二节　苹果主要树形与整形修剪

一、主要树形

1. 小冠疏层形

结构特点：这种树形用于短枝型或半矮化砧果树，树高2.5~3m，干高0.5m，全树共2~3层，5~6个主枝，除第一层每个主枝配两个侧枝外，其余主枝只着生枝组。第一层距第二层0.8~1m，第二层距第三层0.5~0.6m，层间主枝插空排列，第一层主枝上的同级侧枝推磨式排列（图4-1）。

图4-1　小冠疏层形

培养过程：定植后第一年，通过60~80cm定干，然后刻芽，培养出第一层三大主枝；第二年，通过对主枝留50cm短截、刻芽培养出第一层主枝上的第一侧枝，并对主枝开张枝角；对其他枝进行拿枝、拉枝和缓放，培养成结果枝组。第三年，通过相似的办法，培养出第二层主枝和第一层主枝上的第二侧枝以及中心干上和第一层主枝上的枝组。同时，于夏季采用拉枝、环剥和施用抑制剂等促花措施，使其在第四年形成产量。第四年便可培养出第三层主枝和各级骨干枝上的大部分枝组。

2. 细长纺锤形

结构特点：这种树形适合于各类矮化密植园。一般树高3~4m，干高0.5m，冠径2.5m。中心干直立，其上培养10~15个大型枝组，枝组近似水平，与中心干夹角80°~90°，相邻两枝组间隔15~20cm，呈螺旋状排列在中心干上，使树冠外形呈纺锤形。它树冠紧凑，通风透光良好，果实品质好，优质果品率高（图4-2）。

图4-2　细长纺锤形

　　培养过程：第一年修剪，80～90cm 定干，于 40cm 以上刻芽促枝；利用扭梢、短剪控制竞争新梢的生长，促进中心干和侧生新梢的生长；9—10 月对侧生新梢拿枝开角；冬季对包括中心干延长枝在内的所有枝甩放，并继续开张秋季没有开张的侧生枝条。第二年修剪，花前疏掉腋花芽产生的花蕾；夏季利用扭梢、短剪的方法控制各延长新梢的侧生新梢，方法是三叶扭梢和三叶短剪；同时于 5 月下旬至 6 月上旬，对去年冬季甩放而具有短梢的枝组环剥促花，也可辅助喷施乙烯利和磷酸二氢钾等；冬季对已成花枝组的延长枝留 2～3 个芽重截、促枝，增加中心干上枝条数量，适当疏除枝组上的较长枝条，并继续甩放其他延长枝。第三年修剪，春季进行人工授粉，在确保中心干生长势的同时，适当多留果，并对光秃部位刻芽促枝；夏季对中长梢短剪，并对树体环剥促花；秋季拉枝开角；冬季仍甩放延长枝，疏除中长枝和花少的过密枝组。

　　以后用同样的方法，再经第四年整形修剪，纺锤形的结构已基本完成。

二、其他丰产树形

目前，苹果生产中推广应用较多的丰产树形还有改良纺锤形和圆柱形。

改良纺锤形适合于每 667m² 栽植 56~44 株的乔化果园，株行距为（4~5）m×3m。树形结构为：树高 3m 左右，冠径 3m，干高 80~90cm。基部错生 3 个永久性主枝，开张角度为 80°~90°，在其上两侧每隔 20~30cm 配备一个中、小型枝组。中心干的中、上部插空排列 7~9 个生长中庸、单轴延伸的水平小主枝，枝展 1.0~1.2m。小主枝两侧每隔 20~25cm 错生培养一个单轴呈下垂状中小型枝组，枝组之间培留小枝组或结果枝。全树下宽上窄，呈塔形。

圆柱形又称主干形，这种树形适宜于平原地每 667m² 栽 111 株以上的矮化砧品种，株行距为（1.5~2）m×（3~4）m。它的结构是：干高 30cm，树高 3m，冠径 60cm，中心干上呈螺旋状较均匀地分布 30 个枝组，枝组的长度通常约 30cm。

第三节　苹果树各树龄阶段的修剪

一、幼树期

采取"以轻为主，轻重结合"的原则进行修剪，也就是对骨干枝的延长枝及需要分枝填充空间的枝，适当重剪，而对其他枝采用多留、少截、适当控制的方法，增加枝叶量，缓和生长势，促进成花，提早结果。

二、初结果期

以"培养为主，调整为辅"的原则进行。也就是继续培养好骨干枝，控制竞争枝，扩大树冠，均衡树势，培养并安排好结果枝组，处理和利用好辅养枝。对主枝，在保持其壮旺生长的同时，加大腰角，改善冠内光照条件，促进内膛枝组的形成；对辅养枝，有空间时可扩大生长，但不能强于所从属的骨干枝，当影响到骨干枝的生长时，要本着"辅养枝要为骨干枝让路"的原则，做到"影响一点去一点，影响一面去一面"，以适当疏除或压缩辅养枝。

三、盛果期

这个时期以"平衡为主，适当增势"的原则进行修剪。因此，修剪的主要任务是调节生长与结果的关系，维持两者的相对平衡，克服大小年结果现象；改善内膛光照，培养更新结果枝组；适当增强树势，维持树体健壮，延长盛果期年限。对主枝，为防止角度过大，可采用背上枝换头抬高枝角；对衰弱枝组，要去弱留强、去平留直、去远留近的方法增强枝组的生长势，对大小年结果树，花量大时，疏除过密短果枝，轻截中、长果枝，减少大年结果量，增加大年花芽量，使来年不小；花量小时，尽量保留花芽，促进结果，同时，回缩更新枝组，促进营养生长，以免小年花芽量过大。

四、衰老期

以"复壮为主，全面更新"为原则进行修剪。对地上部要回缩更新，少结果使其复壮；对根系，需深翻改土，进行根系更新，并加强水肥管理，促进根系的再发育。同时，修剪时，要注意利用徒长枝培养新的结果枝组，来延长衰老树的结果年限。

第四节　苹果树主要品种的修剪

一、金冠

幼树生长旺盛，干性强，萌芽力、成枝力均较强，但树体稳定，对修剪反应不敏感，成花容易，结果早，丰产、稳产。

金冠由于干性强，顶端优势明显，容易上强，需开张枝角和对上部以小换头，控制中心干旺长。对中庸枝条轻剪，能形成较好的短果枝，其成花效果优于缓放。在盲节处短截，弱枝能促进成花，强枝能培养成中型枝组。强壮的新梢常形成秋梢腋花芽，可以利用结果，有利于缓和树势。成树枝条较多，注意疏除。肥水条件差时，连年缓放枝的后部，短枝瘦弱，注意及时回缩更新。

二、元帅

其树势强健，分枝角度小，萌芽力、成枝力强，内膛易发生徒长枝，剪口易冒条，修剪反应敏感。可谓：重剪易冒条，树旺花芽少；轻剪树易弱，成花虽易果不多；适宜修剪强管理，树势中庸结果好。元帅的旺枝缓放几年后才能成花。

适当加大幼树、旺树主侧枝角度，以轻剪长放为主，短截为辅。培养枝组可在夏季，采取扭梢、摘心、拿枝、环割（不用环剥）等方法进行。也可在冬季用先缓放后回缩的方法培养，对弱枝可直接短截培养结果枝组。元帅结果后容易衰弱，注意加强水肥，合理负载，防止大小年。

三、富士

富士萌芽率高，成枝力强；幼树营养生长旺盛，结果后逐渐稳定。前期以中长果枝结果为主，腋花芽也能结果；进入盛果期后，以中短果枝较多。其结果枝连续结果能力差，多隔年结果。

富士发枝量大，整形容易。幼树修剪宜轻，骨干枝要长留，并注意利用拿枝、拉枝、捋枝、目伤和环剥等措施，促进成花，提早结果。富士坐果率高，成树后易出现大小年结果现象，应注意合理负载和果枝的更新，留足预备枝，促进连年结果。

四、短枝型品种

生产上常用的有新红星、首红、短枝富士、金矮生等。它们树冠矮小，树体紧凑，管理简单，适于密植，同时，萌芽力强而成枝力弱，易形成短枝，结果早，丰产性强。

幼树期要及时开角整形，骨干枝短截，辅养枝多留长放。幼树旺枝开角后易形成背上旺枝，可适当疏除。一般发育枝短截或缓放后，均可形成较多短枝，当年成花。中短枝破除顶芽后，可形成短果枝群。进入盛果期后，短枝量增多，生长势减弱，应注意多短截，控制外围结果量，提高生长势。

第五章　梨

第一节　梨树生长结果习性

一、生长习性

梨和苹果同属仁果类果树，生长结果习性有许多相似之处，如花芽类型、着生部位、结果枝类型等等；但又有自己的特点，下面重点讲述梨树与苹果的不同之处，以便理解掌握。

1. 根系生长特点

（1）根系形成与分布。梨根系发达，分布较苹果深，有明显主根，但须根较少。一般情况下，垂直根分布深度为 2~3m，水平根分布一般为冠幅的 2 倍左右，少数可达 4~5 倍。根系分布深度、广度和稀密状况，受砧木种类、品种、树龄、土壤理化性质、土层深浅和结构、地下水位、地势、栽培管理等因素影响较大。一般，梨树根系多分布于肥沃的上层土中，在 20~60cm 土层中根的分布最多最密，80cm 以下根量少，150cm 以下的根更少。水平根越接近主干，根系越密，越远则越稀，树冠外一般根渐少，并且大多为细长分叉少的根。

（2）根系生长。梨树的根系活动比地上部生长要早 1 个月。当地温达到 0.5℃时根系开始活动（比苹果要早），土壤温度达到 7~8℃时，根系开始加快生长，13~27℃是根系生长的最适温度。达到 30℃时根系生长不良，超过 35℃时根系就会死亡。在年生长周期中，根系有 2 次生长高峰。早春，根系在萌芽前即开始活动，随着土温的升高而逐渐转旺，到新梢进入缓慢生长期时（5 月下旬至 6 月中旬），开始第一个迅速生长期，到新梢停长后达到高峰。以后根系活动逐渐减缓，到采果后再度转入旺盛生长期（9 月下旬至 10 月上旬），形成第二个生长高峰。这次高峰虽不及第一次，但延续时间较长，一直可延续到落叶休眠后，才被迫停止生长。幼年树的根系在萌芽前还有一小的高峰生长。随着气温的逐渐降低生长减慢，直到落叶进入冬眠后基本停止。生产中应结合这 2 次根系生长高峰来施肥，尽量在生长高峰到来之前将肥料施入。土壤含水量达到田间持水量的 60%~80% 时，最有利于根系的生长。

2. 枝条

梨枝条按其生长结果习性，可分为营养枝和结果枝两类。梨树中、短枝都是在芽内分化完成的，只有长枝在萌芽后继续分化。梨树萌芽率较高，但成枝力比较弱。新梢多数只有一次加长生长，无明显秋梢或者秋梢很短且成熟不好。新梢停止生长远比苹果要早，不同枝类的新梢生长期不同，长梢的生长期 60 天左右，在华北、西北地区一般在 6 月下旬至 7 月上旬停止生长。基本没有秋梢，顶端也可形成比较完整的顶芽。主要用于培养树体骨架，扩大树冠及培养大、中型结果枝组。中梢 40 天左右。短梢仅 7~10 天，一般在 5 月中下旬停止生长。果台副梢一般自 4 月下旬至 5 月上旬为旺盛生长期。可见，梨的新梢生长主要集中在萌芽后 1 个月左右的时期内，与花期、花芽分化期的营养物质的竞争比苹果小，因此，花芽形成比苹果容易，生理落果现象比苹果轻。梨的干性、层性和直立性都比苹果更强，尤其幼树期间，长枝梢分枝角度小，极易抱合生长。

3. 芽

梨树的芽为晚熟性芽，大多在春末、夏初形成，一般当年不萌发，第二年抽生1次新梢，很少发2次。除西洋梨外，中国梨的大多数品种当年不能萌发副梢。到第二年，无论顶芽还是侧芽，绝大部分都能萌发成枝条，只有基部几节上的芽不能萌发而成为隐芽。萌发芽的基部也有一对很小的副芽不能萌发。梨树芽可分为叶芽与花芽。叶芽外部附有较多的革质的鳞片，芽个体发育程度较高，芽体较大，并与枝条呈分离状。短梢一般没有腋芽，中长梢基部3~5节为盲节，所以，梨树常用枝条基部的副芽作为更新用芽。

梨树花芽形成比较早，在新梢停止生长，芽鳞片分化后1个月开始分化。多数为着生在中、短枝顶端的顶花芽，但大多数品种都能形成腋花芽。梨花芽为混合芽，萌发后先抽一段结果新梢（果台），其顶端着生伞房花序，并抽生1~2个果台副梢。

梨树多数萌芽力强、成枝力弱，树冠内枝条密度明显小于苹果。但品种系统间差异较大，秋子梨和西洋梨成枝力较强，白梨次之，砂梨最弱。梨树芽的异质性不明显，除下部有少数瘪芽外，全是饱满芽；但是顶端优势比苹果更强，树体常常出现上强下弱现象，是整形修剪中应特别注意的问题。因分化及发育的时间短，营养不足，开花时花朵数少，坐果能力差，果个也小。因此，在梨树的生产管理中，应重点抓好5月下旬前的肥水管理，防止因肥水不足造成花芽分化不良，而影响第二年的产量。

二、结果习性

与苹果比，梨树开花量大，梨的大部分品种具有落花落果轻、产量高的特点。据观察，梨树只有一次落果高峰期，多发生在5月中下旬至6月上旬，即花后的30~40天。梨树春季发芽早，常常造成有机物质营养不足。梨树果实品质的主要指标有果的大小、含糖量、石细胞多少以及果实的外观等。决定梨果实个头大小主要是梨果的细胞数量和细胞的大小。细胞数增加的关键时期是在花后 1 个月左右，取决于上年秋季贮藏养分和春季至 5 月末的营养状况。果实大小的影响因素还有树势的强弱、肥水供应和负荷多少。在保证花芽质量及授粉受精的基础上，还应注意疏花疏果，合理负载，以保证达到大果数量的增加。为了防止落果，就必须重视采后的管理及尽量提前春季肥水的供应。

第二节　梨树整形修剪特点以及常见树形

多数的情况下采取与苹果相似的整形修剪方法。对梨树科学修剪，必须掌握的原则是"有形不死，无形不乱，因树修剪，随树作形""统筹兼顾，长远规划，均衡树势，从属分明""以轻为主，轻重结合，灵活掌握""抑强扶弱，正确促控，合理用光，枝组健壮"。这样才能适应当地环境条件有利于树势健壮、提早结果和梨园长期的经济效益。

一、梨树的整形修剪特点

第一，要选择培养好各级骨干枝，梨树树体高大，顶端优势及干性、萌芽力都特别强，枝条比较直立，开张角度小，容易发生上强下弱现象。因此，必须重视控制顶端优势、限制树高，重视生长季节开张枝条角度，平衡骨干枝长势；选留原则与苹果相同，按照确定树形的要求，重点考虑枝条生长势、方位 2 个因素，但不要死抠树形参数，只要基本符合要求就可以确定下来，关键是要对选定枝采用各种修剪技术及时的调控、进行定向培养，促其尽量接近树形目标要求。在修剪时要对中干延长枝要适当重截，并及时换头，以控制上升过快，增粗过快。但盛果期后容易衰弱，所以，骨干枝角度一般小于苹果骨干枝。

第二，根据多数梨以中、短果枝及短果枝群结果为主的习性，必须注意培养大、中型枝组，精细修剪短果枝群。是要轻剪多留辅养枝，少短截、多缓放，尽量少疏或不疏枝，及早培养健壮枝组，促其尽量早结果。枝组应重点在骨干枝两侧培养，对背上枝组要严格控制长势和大小，否则，易形成树上树，不仅其他枝组很难复壮，而且严重干扰树形结构。对小枝组和较早出现的短果枝群（骨干枝中下部较多）应适当缩剪，集中营养，防止早衰。

第三，根据梨萌芽力强而成枝力弱的特点和枝条基部有盲节的现象，为保证早期结果面积，并防止中、后期树势衰弱，应在修剪中适当增加短截量，减少疏枝量，少用重短截，尽量利用各类枝；同时，梨树隐芽寿命长，利于更新。梨树经修剪刺激后，容易萌发抽枝，尤其是老树或树势衰弱以后，大的回缩或锯大枝以后，非常易发新枝，这是与苹果有所区别的不同之处。

二、适宜树形

树形结构与栽植密度密切相关。梨生产中常用的几种树形，包括主干疏层形、小冠疏层形、纺锤形、单层高位开心形等。具体见表5-1，图5-1至图5-3。

表5-1　常见树形结构

树形	密度（株/hm²）	结构特点
主干疏层形	500~626	树高小于5m，冠径4.5~5m，干高0.6~0.7 m，主枝可以适当多留，一般主枝6个（一层3个，二层2个，三层1个）每层可以比苹果多1~2个，开张角度70°。主枝可以邻接选留（2个），以控制中心干过强，但也不能轮生；层间距，一二层100cm左右，二三层80~100cm。一层层内距40cm。每层主枝留侧枝数，一层3个，二层、三层2个

（续表）

树形	密度 （株/hm²）	结构特点
小冠疏层形	500~833	通常树高3m，干高0.6m，冠幅3~3.5m。第一主枝3个，层内距30cm；第二层主枝2个，层内距20cm；第三层主枝1个或无。一二层间距80cm，二三层间距60cm，主枝上不配备侧枝，直接着生大中小型枝组 适于树势强的品种
纺锤形	670~1 005	树高不超过3m，主干高60cm左右，中心干上着生10~15个小主枝，小主枝围绕中心干螺旋式上升间隔20cm，小主枝与主干分生角度为80°左右，小主枝上直接着生小枝组。全树共10~12个长放枝组，全树枝组共为一层，外形呈纺锤形冠体 特点是只有一级骨干枝，树冠紧凑，通风透光好，成形快，结果早
单层高位开心形	1 000~1 428	树高3.5m，冠径4~4.5m，干高60~80cm。全树分两层，有主枝5~6个，其中第一层3~4个，第二层2个。层间距1~1.5m。小主枝围绕中心干螺旋式上升，间隔0.2m，小主枝与主干分生角度为80°左右，小主枝上直接着生小枝组，每主枝配侧枝3~4个 该树形透光性好，最适宜喜光性强的品种

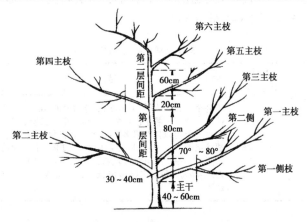

图5-1 小冠疏层形树体结构

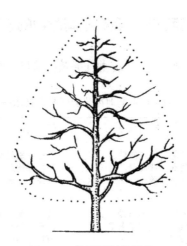

图5-2 纺锤形树体结构

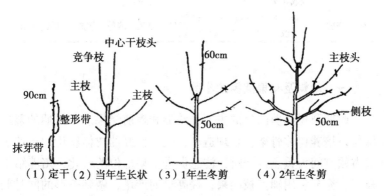

图5-3 单层高位开心形

第三节　梨树不同时期的修剪

一年四季，梨不同时期修剪任务及技术与苹果相似，见表5-2。

表5-2　梨不同时期修剪任务及技术一览表

修剪时期	修剪任务	修剪方法
春季修剪	缓和树势、促进发枝 合理负载、优质稳产 补充完善冬剪	刻芽、延迟修剪 按枝果比疏、缩结果枝、花前复剪 回缩、疏剪、拉枝
夏季修剪	改善光照、缓和树势 促进成花、提高坐果率 培养枝组	开张角度、疏梢、拿枝 扭梢、环剥、开角、摘心 剪梢、摘心、扭梢
秋季修剪	整形、缓和树势、改善光照、促进成花提高越冬性	拉枝开角、拿枝、疏密生枝 剪嫩梢
冬季修剪	整形、调整树冠、培养结果枝组、改善光照条件、合理负载	短截、疏剪、缓放、弯枝、回缩

一、幼树及初果期树的修剪

此期梨树修剪的目的主要是整形和提前结果。幼树期的整形修剪以培养树体骨架，合理造型，建立良好的树体结构，迅速扩冠占领空间为重点；同时，注意促进结果部位的转化，培养结果枝组，充分利用辅养枝结果，提高早期产量，做到整形的同时兼顾提早结果。幼树要"以果压树"，控制营养生长和树冠过大，修剪时冬季选好骨干枝、延长枝头，进行中度剪截，促发长枝，培养树形骨架。夏季拉枝开角，调节枝干角度和枝间主从关系，对辅养枝采取轻剪缓放，拉枝转角，环剥（环割）等手段，缓和生长势，促进成花。

1. 控冠

梨树大多数品种是高大的乔冠树体，因此，栽培时要注意控冠。定干应尽量在饱满芽处进行短截，一般定干高度为80cm左右。距地面40cm以内萌发的枝芽可以抹除，余者保留，以利幼树快长。冬剪时中干延长枝剪留50~60cm，主枝延长枝剪留40~50cm，短于40cm的延长枝不剪，下年可转化成长枝。一般要求树高小于行距，行间不能郁闭，要有1.5~2m的光路，株间可有10%~20%的交接。超高要落头，超宽要回缩。

2. 开张角度，调节树体平衡

梨树的多数品种极性很强，分枝角度小，直立生长，易造成中心干与主枝、主枝与侧枝间生长势差别太大，产生干强主弱、主强侧弱、上强下弱、前强后弱等弊病，不利于开花、结果。

（1）防止和克服中心干过粗、过强、上强下弱。可多留下层主枝和层下空间辅养枝，下层主枝可留4~5个，可采用邻接着生、轮生或对生枝；对中心干上部的强盛枝及时疏缩，抑上促下，或者采取中心干弯曲上升树形，超高时落头开心。

（2）克服主强侧弱和主枝前强后弱。对生长势强的主枝要加大枝条角度，主枝基角一般可在50°以上，主要采用坠、拉、撑的方法来开张枝条角度，而不采用"里芽外蹬"的方法；选择方位好，生长较强的作为侧枝，主枝短截时，应在饱满芽前1~2个弱芽上剪截，这样发枝较多而均匀，可避免前强后弱。

3. 骨干枝选留

梨多数品种萌芽力强、成枝力弱，一般只发1~2个长枝，个别发3个，因此，要注意如下情况。

（1）梨树定植后第一年为缓苗期，往往发枝很少，这种情况，不要急于确定主枝，冬季可不修剪。或者对所发的弱枝，去顶芽留放，并在主干上方位好的部位，选壮短枝，在短枝上刻伤促萌，这种短枝所发的枝，基角好，生长发育好，在去顶芽后与留下的弱枝可相平衡。梨树在第一年往往选不出 3 个主枝，则要对中心干延长枝重截，这样明年可继续选留主枝。

（2）主枝延长枝头剪口第三、第四芽，留在两侧，同时，刻芽，促发侧枝。

（3）轻剪多留枝，主侧枝可适当多留，要多留辅养枝和各类小枝，前 4 年基本不疏枝，结果以后疏去或缩剪成大小枝组。

4. 短果枝和短果枝群的培养

成年梨树 80%~90% 的果实是短果枝和短果枝群结的，短果枝是由壮长枝条缓放后形成的，或由长、中果枝顶花芽结果后，在其下部形成的，对这些枝修剪只留后部 2~3 个花芽，即成为小型结果枝组。短果枝上的果台枝或果台芽，即连续或隔 1 年结果，经 3~5 年形成短果枝群。对这类短果枝群，要疏去过多的花芽，去前留后，去远留近，使之保持活力，做到高产稳产。

5. 更新复壮

梨的潜伏芽寿命长，这对于梨的更新复壮十分有利，对需要更新的梨树进行重回缩，并配合肥水管理，2~3 年后又可形成新的树冠结果。

6. 清理乱枝，通风透光

由于前期轻剪缓放冠内枝条增多，内膛光照变差，结果部位外移。应通过逐年疏枝、回缩，处理辅养枝，清理乱枝，保持树冠通风透光，小枝健壮，达到优质丰产的目的。

对梨树的幼树要及时进行拉枝、环剥、目伤、摘心等一系列措施。采用的树形，一般以主干疏层形、纺锤形、二层开心形等为主。要根据不同的地力、不同的自然环境、不同的品种、不同的栽培技术、不同的长势来确定不同的整形修剪技术。要因树因地作形，不宜要求一致；要随枝随树作形，不要强树作形。另一条原则是一定要轻剪，总的修剪量要轻，尽量增加前期全树的枝叶量。尽可能地增加短截的数量，使之多发枝，并加强肥水管理。

砂梨（如黄金、水晶、新高等）一般在定植后的第二年结果，3~4年形成产量，5~6年达到盛果期。其他的梨品种一般3~4年结果（如绿宝石、七月酥、玛瑙等），5~6年形成产量，7~8年达到盛果期。

二、盛果期修剪

进入盛果期树体骨架已基本形成，树势趋于稳定，形成花芽容易，生长结果矛盾突出，大量结果后其开张角度往往过大，树势易衰弱，易出现"大小年"结果、果实品质下降、抗性下降、病虫害增加等一系列问题。因此，盛果期梨树修剪的主要任务是维持树体结构，调节生长和结果之间的平衡关系，改善光照，保持中庸健壮树势，维持树冠结构与枝组健壮，实现稳产优质，延长结果年限。

中庸梨树的标准：树冠外围新梢长度以30cm为好，中短枝健壮；花芽饱满，短枝花芽量占总枝量的30%~40%。枝组年轻化，长枝占总枝量的10%~15%，中小枝组约占90%；通过对枝组的动态管理，达到3年更新，5年归位，树老枝幼，并及时落头开心。

修剪要领：树势偏旺时，采用缓势修剪法，多疏少截，去直留平，弱枝带头，多留花果，以果压势；树势弱时，采用增势修剪法，抬高枝条角度，壮枝壮芽带头，疏除过密细弱枝，加强回缩与短截，少留花果，复壮树势；对中庸树的修剪要稳定，不要忽轻忽重，应各种修剪方法并用，及时更新复壮结果枝组，维持树势的中庸健壮。

具体操作要维持树体结构，改善内膛光照条件，当树体达到一定高度后，适时落头开心，打开上层光路；疏间树冠外围过密枝，打通透光光路；控制或疏除背上直立旺枝（或枝组），保持良好的树体结构。精细修剪结果枝组，不断更新复壮、维持结果能力。需要注意的是，对于有空间的大中枝组，只要后部不衰弱不能缩剪，应采取对其上小枝组局部更新的形式进行复壮；对短果枝群（鸭梨多）细致疏剪，去弱留强、去远留近，集中营养、保持结果能力。控制留花量、平衡生长结果矛盾，梨树落果轻、坐果率比苹果高，剪后结果枝占 1/4 左右。

结果枝组修剪的总体原则是"轮换结果，截缩结合；以截促壮，以缩更新"。在具体修剪时应注意结果枝、发育枝、预备枝的"三套枝"搭配，做到年年有花、有果而不发生大小年，真正达到丰产、稳产的生产目的。

三、衰老期树的修剪

梨树生长结果到一定的年限后，必然会出现衰老。当产量降至不足 15 000kg/hm^2 时，梨树进入衰老期，应对梨树进行更新复壮。衰老期修剪的基本原则是衰弱到哪里，就缩到哪里，每年更新 1~2 个大枝，3 年更新完毕，同时，做好小枝的更新。

梨树潜伏芽寿命长，当发现树势开始衰弱时，要及时更新复壮，其首要措施是加强土、肥、水管理，促使根系更新，提高根系活力。在此基础上通过重剪刺激，促发较多的新枝来重建骨干枝和结果枝组。修剪时将所有主枝和侧枝全部回缩到壮枝壮芽处，结果枝去弱留强。衰老较轻的，可回缩到 2~3 年生部位，选留生长直立、健壮的枝条作为延长枝，促使后部复壮；注意抬高枝干和枝条的生长角度，回缩时应用背上枝换头。对结果枝组，要用利用强枝带头，强枝要留用壮芽。回缩时要分期、分批地轮换进行，不可一次回缩得太急、太快。在进行回缩前，通过减少负载量来改善树体的营养状况，使其生长势转强。对回缩后枝组的延长枝一定要短截，相临和后部的分枝也要回缩和短截。严重衰老的要加重回缩，刺激隐芽萌发徒长枝，一部分连续中短

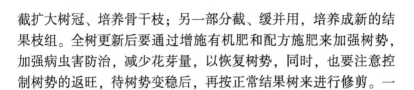

截扩大树冠、培养骨干枝；另一部分截、缓并用，培养成新的结果枝组。全树更新后要通过增施有机肥和配方施肥来加强树势，加强病虫害防治，减少花芽量，以恢复树势，同时，也要注意控制树势的返旺，待树势变稳后，再按正常结果树来进行修剪。一般经过3～5年的调整，即可恢复树势，提高产量。

四、密植梨树整形修剪要点

对于密植梨树整形修剪，不仅要注意个体结构，更要考虑群体的结构，整形修剪不能套用稀植栽培的办法，主要应把握好以下几点：①树形由高大圆向矮小扁转变，多采用各类纺锤形（自由纺锤形、细长纺锤形）、主干形、扇形等；栽植密度越大，树形越简化。不刻意追求典型的树形，而以有形不死、无形不乱，树密枝不密，大枝稀小枝密，外稀内密为整形的基本原则。②采用大角度整形，将强旺枝一律捋平，使之呈水平下垂状，促发中短枝。尽早转化成结果枝结果，以达到以果控冠的目的。③用轻剪或不剪（以刻代剪，涂药定位发枝，以拉代截）取代短截。提倡少动剪，多动手。修剪中80%的工作量是由拉、拿、撑、刻剥、弯别、压坠等完成的。④整形结果同步进行。主枝上不设侧枝而直接着生结果枝组，主枝以外的枝条都作辅养枝处理；大量辅养枝通过夏季管理很快出现短枝，转向结果，结果后逐年回缩或去掉，临时性辅养枝让位于骨干枝，"先乱后清"，整形结果两不误。⑤改以往冬剪为主为夏剪为主的四季修剪。在时期上，春季进行除萌拉枝；夏季进行环剥、环割、拿、别、压、伤、变等手术；秋季对角度小的枝条拿枝软化，疏去无用徒长枝、直立枝。⑥控冠技术由单纯靠修剪控制转向果控、化控、肥控、水控等综合措施调控。⑦培养各类枝组多以单轴延伸，先放后回缩的方法为主。无花缓，有花短，等结果后逐年回缩成较紧凑的结果枝组。

第四节 梨树不同品种的修剪

一、鸭梨

生长中强、萌芽率高、成枝力弱，易形成短枝和短果枝群，连续结果能力强，寿命长，是鸭梨的主要结果部位。盛果期以前，应多缓放中枝培养结果枝组。进入盛果期以后，对成串的结果枝适当回缩。结果枝及短果枝群每年要去弱留强、去密留稀，剪除过多的花芽，留足预备枝。鸭梨隐芽不易萌发，要控制产量，维持树势，防止衰老，内膛发出的徒长枝要多加保留利用。

二、砀山酥梨

萌芽力强、干性强，分枝角度小，树冠直立。长枝缓放后，易形成短果枝，但果台副梢少而长，不易形成短果枝群，连续结果能力弱。副芽易发更新枝，小枝组易于复壮。修剪时，对主干疏层形应增加主枝生长量，防止中心干过强；又由于小枝易转旺，幼树往往主侧枝与辅养枝和大型枝组区别不明显，只有在进入盛果期之后，通过对辅养枝和枝组的缩剪，才能使骨干枝显示出来。中枝和较长的果台枝都适于先放后缩的方法，培养好的短果枝。延伸过长的枝组，应注意缩剪促使后部转旺。

三、日本梨

20世纪、丰水、新高等都属于日本梨系统，具有共同的修剪特点。幼树生长旺，树姿直立，萌芽率高，成枝力弱。成树以短果枝和短果枝群结果为主，连续结果能力强。修剪时要少疏多截，直立旺枝拉平利用。各级骨干枝上均应培养短果枝群，并每年更新复壮，疏除其中的弱枝弱芽，多留辅养枝。对树冠中隐芽萌发的枝条，注意保护、培养和利用。

四、巴梨

幼树生长旺，枝条直立，但结果后易下垂，树形紊乱不紧凑。萌芽率和成枝力都比较强，长枝短截后能抽生 3~5 个长枝，其余多为中枝，短枝较少。枝条需连续缓放 2~3 年才能形成短果枝。以短果枝和短果枝群结果为主，连续结果能力强，寿命长，易更新。

适宜树形为主干疏层形，可适当多留枝。除骨干枝的延长枝外，其余枝条一律缓放，成花后回缩培养成枝组。为防止骨干枝头下垂，可将背上旺枝先培养成新的枝头，再代替原头。对中心干一般不要换头或落头。

第六章　桃

第一节　桃树生长结果习性

一、生长发育特点

1. 根系

桃属浅根系果树，其根系多是由砧木的种子发育而成。

桃根系在土壤中的分布状态依砧木种类、土壤的物理性质不同而有差异。毛桃砧木根系发达，耐瘠薄的土壤；山毛桃砧木主根发达，须根少，但根系分布深，耐旱、耐寒；毛樱桃砧木的根系浅，须根多，耐瘠薄土壤，并对植株具有矮化作用。土壤黏重，地下水位高或土壤瘠薄处的桃树，根系发育小，分布浅；而土质疏松、肥沃、通气性良好的土壤中，根系特别发达。

年生长周期中，桃根在早春生长较早。当地温5℃左右时，新根开始生长，7.2℃时营养物质可向上运输。新根生长最适宜的温度为15~22℃，超过30℃即生长缓慢或停止生长。桃根系生长有2个高峰，5—6月，是根系生长最旺盛的季节；9～10月，新梢停止生长，叶片制造的大量有机养分向根部输送，根系进入第二个生长高峰，新根的发生数量多，生长速度快，寿命较长，吸收能力较强。11月以后，土温降至10℃以下，根系生长即变得十分微弱，进入被迫休眠时期。

2. 芽

桃芽按性质可分为叶芽、花芽和潜伏芽。

（1）叶芽。桃叶芽瘦小而尖，呈圆锥形或三角形，着生在枝条的叶腋或顶端。叶芽具有早熟性，一般一年可抽生 1～3 次梢，幼年旺树一年可抽生 4 次梢。桃树的萌芽力和成枝力均较强，抽生枝多，故幼树成形快，结果期早；且分枝角常较大，故干性弱，层性不明显。

（2）花芽。桃花芽为纯花芽，肥大呈长卵圆形，只能开花结果。着生在枝条的叶腋，春季萌发后开花结果。一节着生 1 个花芽或叶芽的称单芽，着生 2 个以上的芽称为复芽，通常为花芽与叶芽并生（图 6-1）。

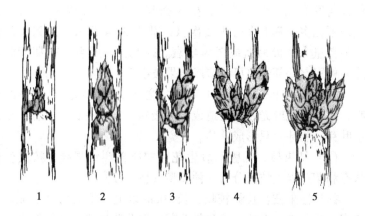

图 6-1　桃树的芽

1. 单叶芽；2. 单花芽；3. 复花芽（1 叶芽 1 复芽）；4. 复花芽（2 花芽 1 叶芽）；5. 复芽（3 花芽）

（3）潜伏芽。桃的多年生枝上有潜伏芽，但数量较少，寿命较短。因此，树体更新能力弱。

此外，在枝的基部和生长不充实的 2 次枝或弱枝上，只有节上的叶痕，而无芽，称为盲节。

3. 枝

桃枝按其主要功能可分为生长枝与结果枝两类。

（1）生长枝。生长枝又称营养枝。按其生长势不同，可分为发育枝、徒长枝、叶丛枝。

发育枝：一般着生在树冠外围光照条件较好的部位，组织充实，腋芽饱满且生长健壮。长度 50cm 左右，粗度 0.5cm 左右，较粗壮的发育枝会发生 2 次枝，有时形成数量较少的花芽。发育枝的主要作用是形成主枝、侧枝、枝组等树冠的骨架，使树冠不断扩大。

徒长枝：多由树冠内膛的多年生枝上处于优势生长部位的潜伏芽萌发形成。直立性强，生长强旺，长达 1m 以上，节间长，组织不充实，其上多分生 2 次枝，甚至 3~4 次枝，对树体的营养消耗量大，极易造成树体早衰。因此，一般生长初期彻底剪除，树冠空缺部位也可改造成结果枝组。

叶丛枝：叶丛枝又称单芽枝。这种枝条多发生在树体的内膛，营养不足或光照不足造成的。极短，1cm 左右，只有 1 个顶生叶芽，萌芽时只形成叶丛。

（2）结果枝。叶腋间着生花芽的枝条叫结果枝，按其生长状态和花芽着生情况分为 5 种类型（图 6-2）。

徒长性果枝：长势较旺，长 60cm 以上，粗 1.0~1.5cm。叶芽多、花芽少，有单花芽和复花芽，但花芽的着生节位较高。此果枝的上部都有数量不等的副梢，有些副梢会形成一定数量的花芽，但一般花芽质量较差，结实率低。

长果枝：长 30~60cm，粗 0.5~1.0cm，一般无副梢。多着生于树冠上部及外围侧枝的中上部，基部和上部常为叶芽，中部多为复花芽，结果可靠，且结果同时，形成新的长果枝、中果枝，保持连续结果的能力，是多数品种的主要结果枝。

中果枝：长 10~30cm，粗 0.4~0.5cm。多着生于侧枝中部，枝较细，长势中庸，枝条中部多单花芽或复芽，结果后只能抽生短果枝，更新能力和坐果率不如长果枝。

短果枝：长 5~15cm，粗 0.4cm 以下。多着生于侧枝中下部，生长弱，其上多为单花芽。组织充实的短果枝，结果同时，顶芽抽生新短果枝连年结果。但比较弱的果枝，1 次结果后常常会枯死，或变成更短的花束状果枝。

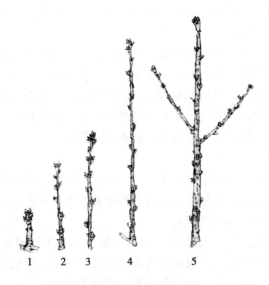

图 6-2　桃结果枝的类型

1. 花束状果枝；2. 短果枝；3. 中果枝；4. 长果枝；5. 徒长枝

花束状果枝：长 3~5cm，节间甚短，其上除顶芽为叶芽外，其余各节多为单花芽，结果能力差，易于衰亡。

桃树因品种差异，不同结果枝的比例不同。一般成枝力强的南方水蜜桃和蟠桃品种群的品种多形成长果枝。发枝力相对较弱的北方品种群的品种则多以短果枝结果为主，如肥城桃等。

此外，因树龄不同主要结果枝类型也有变化。幼树期以长果枝和徒长性结果枝为主，而老树及弱树则以短果枝、花束状果枝为主。

二、结果特性

1. 花芽分化

花芽分化属夏秋分化，河南地区在 7—8 月，整个花芽形成均需 8~9 个月。

花芽分化的质量和数量与环境条件及栽培管理条件密切相关。如日照强，温度高，雨量少，促进花芽分化，有利于枝条充实和养分积累；幼树和初结果树在形成后应控制施氮肥，增施磷钾肥，促进花芽分化。生长旺的树花芽分化比弱树晚，幼树比成年树晚，长果枝比短果枝晚，副梢比主梢晚。

2. 开花

大多数桃品种为完全花，一个雌蕊和多个雄蕊组成，均能自花结实。但有的品种无花粉或花粉败育现象，常称为雌能花。如"丰白""砂子早生"等。

桃开花的早晚与春季日平均气温有关。当气温稳定在 10℃以上，即可开花，适宜温度为 15~20℃。河南郑州地区桃花期在 3 月底到 4 月上旬。正常年份同一品种的花期可延续 7~10 天，遇干热风天气，花期可缩短至 2~3 天，遇寒流、低温可延续至 15 天左右。

不同品种花期早晚有差异。同一果枝上不同节位花开放也有先后，顶部花比基部花早，早开的花结的果实大。

3. 授粉受精

雌蕊保持受精能力的时间一般为 4~5 天。花期遇干热风，柱头在 1~2 天内枯萎，缩短了授粉时间。授粉受精与花期气候

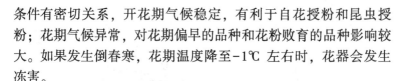

条件有密切关系，开花期气候稳定，有利于自花授粉和昆虫授粉；花期气候异常，对花期偏早的品种和花粉败育的品种影响较大。如果发生倒春寒，花期温度降至-1℃左右时，花器会发生冻害。

4. 果实的发育与成熟

桃果实生长曲线属双"S"型。桃果实发育可分为3个时期。

幼果迅速膨大期：指落花后子房开始膨大到果核核尖呈现浅黄色木质化。此期主要细胞的迅速分裂使果实的体积和重量迅速增加，不同成熟期的品种这个阶段的增长速度和时间长短大致相似，约为40天。

果实生长缓慢期或硬核期：又称硬核期，自果核开始硬化到果核长到品种固有大小，达到一定硬度。此期果实增长缓慢，这个时期的长短因品种差异很大。极早熟品种几乎没有这个时期，一般早熟品种15~20天，中熟品种25~35天，晚熟品种40~50天，极晚熟品种可达100天左右。

第二次果实迅速膨大期：从果核完全硬化到果实成熟。此期果实发育是靠果肉细胞体积迅速增长，使果实的体积增大、重量增加。

第二节　桃树的主要树形以及修剪特性

一、桃树主要树形

1. 自然开心形

主干高30~50cm，树冠呈开心状，主干上着生3个主枝，各主枝间保持120°左右，主枝与垂直方向的夹角45°~60°。每个主枝两侧配置2~3个侧枝，侧枝的分生角度60°~80°，第一个侧枝距主干60cm，各侧枝之间距离40~50cm（图6-3）。

图6-3 三主枝自然开心形

2. "Y" 形

主干高40~50cm，两主枝基本对生，夹角80°~90°，即主枝开张角度45°左右。株距小于2m，不需配备侧枝，主枝上直接着生结果枝组；株距大于2m时，每个主枝上培养2~3个侧枝，侧枝间距50~60cm。这种树形成形快，光照条件好，开花结果早，产量高，品质好。

3. 主干形

干高30~40cm，中心干强而直立，中心干上直接分生大型结果枝组。苗木60cm处定干，选留生长健壮、东西向延伸、长势相近的两个新梢作为永久骨架枝培养，角度50°~60°。定干后最上面的第一个枝条作为中央领导干，让其向上生长，长到60cm摘心。总高度1.8~2.5m的范围内（保护地内总高度1.2~1.5m）每20~30cm选择长势好、不重叠、以螺旋状上升的永久性结果枝组6~8个。

这一树形适于密植果园，一般每公顷1 500~2 000株。此形一般都架设立架，将中心干和部分大型枝组绑缚在架上（图6-4）。

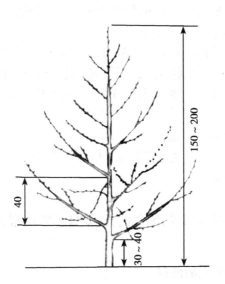

图 6-4 主干形树体结构（单位：cm）

二、桃树修剪特性

1. 喜光性强、干性弱

桃树中心干弱，枝叶密集，内膛枝迅速衰亡，结果部位外移，产量下降。

2. 萌芽率高、成枝率强

桃树萌芽率很高，潜伏芽少而且寿命短，多年生枝下部容易光秃，更新困难；成枝力强，成形快，结果早，但易造成树冠郁闭，必须适当疏枝和注重夏季修剪。

3. 顶端优势较弱、分枝多

桃的顶端优势较弱，旺枝短截后，顶端萌发的新梢生长量大，但其下还可以萌发多个新梢，有利于结果枝组的培养。但培养骨干枝时，下部枝条多，明显削弱先端延长头的加粗生长，因此，要控制延长头下竞争枝的长势，保证延长头的健壮生长。

4. 耐剪、但剪口愈合差

桃树疏除强枝不会明显削弱其上部枝的生长势，但伤口较大时不易愈合，剪口的木质部干枯到深处，影响寿命。因此，修剪时伤口小而平滑，更不能"留橛"；对大伤口要及时涂保护剂，以利尽快愈合。

5. 易成花、坐果率高

桃树1次枝上的花芽饱满，坐果率高，适时摘心促发健壮的2次枝即能结果。

第三节　桃树不同树龄时期修剪（以自然开心形为例）

一、幼树期的修剪

定植后4~5年幼树生长逐渐转旺，形成大量发育枝、徒长性果枝、长果枝和副梢果枝。修剪的主要任务：尽快扩大树冠完成基本树形，缓和树势促进早丰产。

1. 骨干枝修剪

以适度轻剪长放为原则，并结合调整骨干枝开张角度和均衡生长势。

主枝修剪：剪截长度随生长势强弱而定，幼树和初结果树树势逐渐转旺，剪留长度应相应由短加长，例如，粗度为1.5~2.5cm剪留长度为35~70cm。为调节主枝间的平衡，对强枝要短留、弱枝长留。

侧枝修剪：剪留长度比主枝短，剪留长度为主枝剪留长度的2/3~3/4。

2. 枝组培养和修剪

主侧枝外围及其两旁培养中大枝组，可将壮枝留30~40cm

剪截，使发生健壮新梢逐年扩大，占据空间。但应注意不能超过侧枝生长势。

培养内膛中大型枝组有 2 种方法。

一是先放后截，即将徒长性果枝或徒长枝长放，并压弯扭伤，缓和生长，翌年冬剪再缩剪至基部果枝处；

二是先截后放，即冬剪时留 20～30cm 重短截，第二年夏季摘心控制，冬剪时去强留弱、去直留斜，以培养枝组。

3. 结果枝修剪

果枝适当长留或缓放以缓和枝势。徒长性果枝、长果枝剪留30～40cm，或缓放不剪，待结果下垂后部发枝时再缩剪。中短果枝可不截。疏除无用直立旺枝和过密枝。尽量利用副梢果枝结果，提高初果期产量，也是缓和树势的有效方法。

二、盛果期的修剪

定植后 6～7 年进入盛果期。该时期的修剪主要任务：维持树势，继续调节主、侧枝生长势的均衡，更新枝组，保持其结果能力，防止枝组衰老、内膛光秃；调节果枝、果实数量缓和生长与结果间的矛盾。

1. 骨干枝修剪

主枝修剪：主枝剪截程度随生长势的减弱而加重，粗度为1～1.5cm 剪留长度为 30～50cm。

侧枝修剪：各侧枝间可上压下放，即对上部侧枝短截剪截较重，对下部侧枝要较轻，以维持下部侧枝的结果寿命。侧枝前强后弱时，应疏除先端强枝，开张枝头角度，以中庸枝当头，使后部转强。侧枝前后都弱时，可缩剪延长枝，选健壮枝当头，抬高枝头角度，疏除后部弱枝，减少留果量，促使恢复生长。

2. 枝组修剪

盛果期对枝组的修剪应注意培养与更新相结合。

内膛大、中型枝组出现过高或上强下弱现象时，可采用轻度的缩剪，以降低其高度，并以果枝当头限制其扩展。

小枝组衰老早，多采用缩剪，使其紧靠骨干枝，以保持生长势。过弱的小枝组自基部疏除。如果枝组并不弱，又不过高时，则可只疏强枝不必缩剪。

3. 结果枝修剪

适度短截，稀疏树冠，注意更新。

长果枝：剪留长度 5~10 个节、中果枝保留 3~5 个节。但在以下情况下可适当长留：花芽节位偏高，节间较长的果枝；当年结果少，下年将是大年时；位于树冠外围或枝组上部的果枝，成熟期较早和果形偏小时；落果重，有冻害的品种；罐藏加工品种等可稍长留。

短果枝：短果枝结果后发枝力很弱，而且除顶芽为叶芽外大多数为花芽，因此，不可随便短截，只有当中下部确有复芽或叶芽时才短截。

花束状果枝：除顶芽外全为单花芽。着生在 2~3 年生枝背上或旁侧的花束状果枝易于坐果，朝下生长和在通风透光条件不良部位的落果重，一般多予疏除。过密的中果枝和短果枝应疏除以保持树冠内通风透光。

结果枝更新的方法有 2 种：即单枝更新和双枝更新。

单枝更新即不留预备枝的更新：修剪时，将中、长果枝留 3~5 个饱满芽适当重剪，使其上部结果，下部萌发新梢作为下年结果枝。冬剪时，将结过果的果枝剪去，下部新梢同样重剪。如此反复，维持结果（图6-5）。

双枝更新即留预备枝更新：修剪时，同一母枝上选留基部相邻的 2 个果枝，上部的果枝剪用以结果，而下部的果枝重截（弱枝剪留 1~2 个节，壮枝剪留 3~5 节）使其抽生新梢，预备下一年结果。这重截果枝即为"预备枝"。预备枝上的果枝下年冬剪

图 6-5　单枝更新

时将已结过果的果枝剪除，另一个又重截作预备枝（图 6-6）。

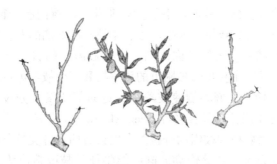

图 6-6　双枝更新

三、衰老期的修剪

本期修剪的主要任务是：重剪、缩剪、更新骨干枝，利用内膛徒长枝更新树冠，维持树势，保持一定产量。

骨干枝修剪：骨干枝缩剪比盛果期加重，依衰弱程度可缩剪到 3~5 年生部位，缩剪的次数相应增加。缩剪骨干枝仍然要保持主侧枝间的从属关系。

结果枝组修剪：重缩剪，加重短截，疏除细弱枝，多留预备枝，使养分集中于有效果枝。

第四节　桃树夏季修剪技术

夏季修剪又称生长季修剪，就是春季萌芽后到落叶前的修剪。桃树的夏季修剪，可以调节生长发育，减少无效生长，节省养分，改善光照，加强养分的合成，调节主枝角度，平衡树势，促使新梢基部花芽饱满，提高果实的产量和品质。

1. 夏剪的手法

常用的手法有以下几种。

（1）除萌。除萌又称抹芽，除萌的主要对象是主枝以下树干上的萌芽、延长枝剪口下的竞争萌芽、树冠内膛的徒长萌芽、疏除大枝后剪口周围的丛生萌芽、小枝基部两侧的并生萌芽。

（2）疏枝。疏枝又称疏梢，对树冠内膛的直立旺枝、徒长枝、树冠外围主枝延长枝附近的竞争枝和密生枝等进行疏除。

（3）摘心。摘心能使枝条在一定的部位发生分枝，如对主枝延长枝和侧枝延长枝各在 50cm 和 30cm 处摘心，能使下部抽生可以作为侧枝和枝组的分枝。在生长后期对各类枝条摘心，使枝条发育充实，花芽饱满。摘心能将徒长枝改造成为结果枝组（图 6-7）。

图 6-7　摘心

（4）扭梢。扭梢可以与摘心相结合，多用于控制竞争枝、骨干枝的背上枝、短截的徒长枝和旺长枝以及各级副梢等。扭梢在新梢木质化初期采用（图6-8）。

图6-8 扭梢

（5）短剪新梢。主枝中上部的徒长枝应留30～40cm进行短剪将其变为中型枝组；树冠稀疏处的无分枝新梢需要培养枝组的留长20～30cm进行短剪。短剪后的新梢可以削弱长势，发生分枝。

（6）剪梢。剪梢又称打强头，其目的是除去强头，使下来的靠近下部的分枝能够很好地形成各级骨干枝的延长枝、结果枝组或结果枝。

（7）拉枝。拉枝的适宜时间于新梢生长缓慢期的7—8月。拉枝的主要对象为需要开张角度的主、侧枝，准备改造成大型枝组的徒长枝和徒长性结果枝，临时利用其结果的徒长枝和枝条稠密处的直立枝等。

2. 夏剪时期

可在整个生长季节进行，但以下几个时期更应注意。

（1）萌芽后到新梢生长初期。4月上旬至4月底，先进行抹芽、除萌，节约养分，促使留下的新梢健壮生长；新梢长达15～

20cm 时，可对旺枝进行摘心，促使早萌发 2 次枝，形成良好的分枝和结果枝。

（2）新梢迅速生长期。5 月中旬至 6 月中旬，夏剪的主要内容是控制竞争枝、徒长枝和利用 2 次枝整形等。

（3）生长缓慢期。7 月大部分果枝及副梢已停止生长，对尚未停止生长的旺梢再摘心控制，同时，疏除过密枝，以利于通风透光和花芽分化。

第五节　桃树芽苗栽植的三主枝开心形整形技术

桃树砧木上只有一个品种桃接芽的苗木叫芽苗。培育芽苗的嫁接时间 8 月中旬至 9 月中旬，当年不剪砧，接芽不萌发，成为带有芽片的苗木，定植后剪去砧木。芽苗上品种接芽饱满，第二年萌发后，芽条长势旺；同时芽苗的体积小，便于运输，是目前桃生产上应用最多的一种苗木。现以三主枝自然开心形为例，将整形修剪措施阐述如下。

1. 栽植当年的夏季管理

定植当年的夏季管理，主要有以下几个方面（图 6-9）。

（1）彻底除萌。春季连续 3～4 次彻底除去砧木上的萌芽，以保证接芽旺盛生长。

（2）立支柱。接芽的芽条长到 20～30cm 时靠近苗木竖立支柱，绑扶芽条，予以保护。

（3）及时定干。当芽条长到 30cm 左右，其叶腋间逐渐发出分枝。距地面 40cm 以下的分枝，要随时剥除，保留叶片；距地面 40cm 以上发出 5～6 个分枝后，即可剪去顶梢。

（4）选留三大主枝。当大部分分枝长到 30～40cm 后，可以从中选出长势均衡、方位适当、上下错落排列的 3 个枝条作为三主枝培养。三主枝选后剩下的 2～3 个分枝，主枝以下的要疏除；

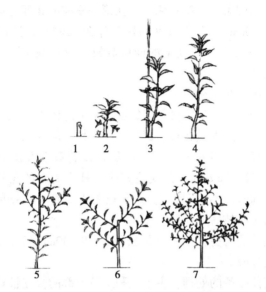

图 6-9　芽苗栽植三主枝自然开心形的整形图

1. 剪砧；2. 除萌；3. 立支柱；4、5 摘心定干；6. 选留三主枝；

7. 压角枝的处理

疏除整形带中间长势旺、与主枝竞争养分的枝条；生长较弱的小枝扭梢，辅养树体，当年即可形成花芽，提早结果。

（5）留好压角枝。三主枝以上 1~2 个分枝应留 20cm 进行短截，修剪后再生的分枝仍留 20cm 摘心，控制生长。

（6）主枝摘心。选出的三大主枝长至 60cm 后摘心，促其发生分枝。分枝长至 30cm 时，选择合适方向和角度的枝条作为主枝的延长头，并除去其竞争枝，直立枝。

2. 1 年生树的冬季修剪

（1）主枝延长枝的修剪。对主枝延长枝留 2/3 左右短截，如果 2/3 处为盲节，可向下短截到饱满芽处。

（2）侧枝的选择和修剪。距主枝基部 40~50cm 处选方向、角度适宜的枝条作为第一侧枝；在第一侧枝的相反方向、距第一侧枝 50～60cm 处再选适宜的枝条作第二侧枝，选出的侧枝留 40cm 左右短截，三主枝上的同层侧枝，最好偏向同一方向，避免相互交叉。

3. 2 年生树的修剪

（1）夏剪。2 年生树夏剪的目的是促进树冠扩大，改善通风透光条件，形成大量花枝，保证 3 年生树有较高的产量。

①选择主枝延长枝：当主枝延长枝剪口下发出的分枝长至 30cm 以上时，选方向、角度适宜的分枝作为新的延长枝，当延长枝长至 60cm 时进行摘心。延长枝附近的直立枝要剪除，其他分枝发出 2 次枝后要缩剪。

②侧枝的修剪：侧枝延长枝每长 30～40cm 摘心 1 次，促使下部发生分枝。

③其他枝条的处理：主干上和主枝上部的直立性徒长枝要彻底疏除；主枝中部的可保留一部分，留长 20～30cm 短截，培养大中型枝组。对其余的枝条，特别是斜生、平生、下垂的枝条，未生分枝前放任生长，出现分枝后留 2~3 个分枝缩剪。

（2）冬剪。

①主、侧枝延长枝：主枝、侧枝延长枝短截 1/3，或缩剪到方向、角度适宜的分枝处。

②一般的枝条：仍按 1 年生树的"有花缓，无花短"原则进行。

③大型徒长枝：少数大型徒长性枝组，可疏去其中无花分枝，保留全部花枝，并不加短截，使任其结果。结果后再看其具体情况彻底剪除或改造成中型枝组。

4. 3 年生树的修剪

（1）夏剪。3 年生树的夏季修剪除了仍按照 2 年生树的夏剪原则对各类枝条进行处理外，应特别注意在 5 月中旬到 6 月上旬处理冬季缓放的中、长花枝。

①已坐果枝条的修剪：对下部坐果，上部没有坐果的枝条，在结果部位以上留 2~3 个分枝缩剪；没有分枝的可在结果部位以上留 10 片以上叶剪截。

②没坐果的长花枝修剪：对没有坐果的长花枝留 20~30cm 剪截；已有分枝的留 2~3 个分枝缩剪。

（2）冬季修剪。各级骨干枝仍按 2 年生的冬剪原则进行，但已结果的 3 年生树的树势已经缓和，长放的结果枝已经变弱，不能再按"有花缓，无花短"原则处理枝条，因此，3 年生树冬季时应注意以下几点。

①疏枝：应注意疏除主枝先端过多的发育枝，削弱顶端优势，防止上强下弱。

②徒长枝的修剪：内膛中生长的粗大徒长枝根据具体情况，有的彻底疏除，有的缩剪重剪培养成适当的枝组。

③已结过果长果枝的修剪：结过果的长果枝，多数已经衰弱，应留 20~30cm 长在壮枝或饱芽处短截。

④结果枝的修剪：30~60cm 长的长果枝短截 1/3~1/2，15~30cm 长的中果枝短截 1/3；15cm 以下的短果枝，放任不剪。

⑤发育枝的修剪：无花或花芽很少的发育枝短截 1/3~1/2；生长靠近的几个发育枝，需同时短截的要有长有短，长短相间。

3 年生桃树已经成形，从第四年开始，随着树龄的增长，结果增多，树势开始转缓，修剪技术与一般的桃树栽培修剪技术相同。

第七章 葡 萄

第一节 葡萄生长结果习性

一、生长特性

1. 根

葡萄属深根性果树，垂直分布深达 60~100cm，由于生产上多采用扦插繁殖，无性繁殖的葡萄根系无真根茎和主根，只有根干及根干上发出的水平根及须根。

葡萄的根为旋状肉质根，能贮藏大量营养物质，且导管粗，根压大，故葡萄较耐盐碱，春季易出现伤流。葡萄根系喜欢肥沃、疏松透气良好的土壤，大量根群分布层为20~40cm，在土层深厚、肥沃及丘陵地区的葡萄根系会更加深广，根系水平分布随架式而不同。篱架的根系分布左右对称，棚架的根系偏向架下方向生长，架下根量占总根量的 70%~80%。葡萄根系的再生能力较强，还含有较多的单宁，能保护伤口。在老树园进行适当断根，可刺激根系复壮，但不宜年年深翻。果园空气湿度大时，枝蔓上能长出气根。

葡萄根的生长与葡萄种类、土壤温度有关。欧洲种葡萄的根在土温达 12~14℃ 时开始生长，20~28℃ 时生长旺盛。全年有 2~3 个生长高峰，分别出现在新梢旺长后、浆果着色成熟期及采收后。春季根系的生长强度与提高坐果率、减少生理落果密切相关。采果后，根系有一个小的生长高峰，及时施入基肥，对恢复树势、促进枝芽成熟、增强抗寒力大有好处。

2. 枝蔓

枝蔓指葡萄各年龄的茎。可分为主干、主蔓、侧蔓，一年生枝（又称结果母枝），新梢和副梢等（图7-1）。

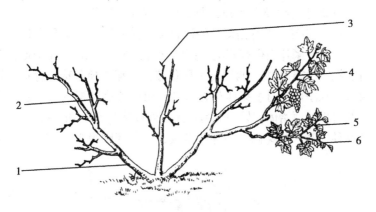

图7-1　葡萄植株枝蔓名称

1. 主蔓；2. 侧蔓；3. 结果母枝；4. 结果枝；5. 发育枝；6. 副梢

从地面发出的茎称为主干，主蔓着生于主干上，埋土越冬的地区不留主干，主蔓从地表附近长出。主蔓上着生的多年生枝叫侧蔓，着生混合芽的一年生蔓称结果母枝。结果母枝上的芽萌发后，有花序的新梢称结果枝，无花序的称营养枝。新梢叶腋间有夏芽和冬芽，夏芽当年萌发形成的2次枝称副梢。葡萄新梢由节和节间构成。节部膨大处着生叶片和芽眼，对面着生卷须或花序。节的内部有横隔膜，无卷须的节或不成熟的枝条多为不完全的横隔，新梢因横隔而变得坚实。节间的长短因种、品种及栽培条件而异。

葡萄新梢生长量大，每年有2次生长高峰，第一次以主梢生长为代表，从萌芽展叶开始，随气温升高，花前生长达到高峰。

第二次为副梢大量发生期（7—9月），与夏季高温多湿有关。新梢开始生长时的粗度，反映了树体贮藏营养水平的高低，贮藏营养丰富，新梢开始生长粗壮，有利于花芽分化和果实发育。葡萄新梢不形成顶芽，全年无停长现象。

3. 芽

葡萄芽的种类有3种，即冬芽、夏芽和隐芽。

（1）冬芽。冬芽是复杂的混合芽，其外披有一层具有保护作用的鳞片，鳞片内生有茸毛，芽内含有一个主芽和3~8个预备芽（副）。主芽居中，四周着生预备芽，主芽较预备芽分化深，发育好。秋季落叶时主芽具有7~8节，而预备芽仅3~5节。在节上一侧着生叶原始体；另一侧为花序或卷须或光秃（图7-2）。大多数品种，春季冬芽内的主芽先萌发，预备芽则很少萌发。当主芽

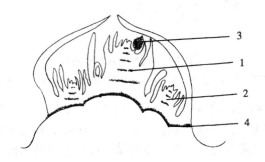

图 7-2　葡萄冬芽
1. 主芽；2. 预备芽；3. 花序原始体；4. 芽垫层

受到损伤或冻害后，预备芽也萌发。有的品种主、预芽同时萌发，在同一节上可出现双芽梢或3芽梢。冬芽中的预备芽多数无花序。生产上为了集中养分保证主芽新梢的生长，应及时抹去副芽萌发的新梢。冬芽在主梢摘心过重、副梢全部抹去、芽眼附近伤口较大时均可当年萌发，影响下年正常生长，但冬芽当年萌发

可形成 2 次结果。

（2）夏芽。夏芽在新梢叶腋形成，不带鳞片，为裸芽，具早熟性，在形成的当年萌发成副梢。及时控制多余的副梢，可节省营养消耗和改善架面光照。苗圃或幼树阶段，可利用副梢繁殖接穗或直接压条育苗和快速整形。大量副梢势必消耗养分，故处理副梢是葡萄夏季修剪的重要任务。

（3）隐芽。隐芽着生于多年生枝蔓上的潜伏性芽，葡萄的隐芽寿命较长。受刺激后能萌发新梢，多数不带花序。

二、结果习性

花芽分化

葡萄的花芽由上一年新梢叶腋间的芽经花芽分化而形成，约需一年时间。葡萄花芽的发育有两个关键时期，一是始原基形成时期，是决定芽发育成花芽或叶芽的临界期；二是花芽生长、花序原基不断形成分枝原基的时期，是决定花序的分枝程度和大小的临界期。

葡萄花芽分化一般在主梢开花时开始，于花后 2 个月左右完成花序原基的分化，在此期间，营养条件适宜时，便可形成完整的花序原始体，否则，花序就不完整或者形成卷须。因此，花期也是葡萄花芽分化的第一个临界期。第二年春季芽萌动时，花序原始体继续分化和生长，渐趋完善，直至开花。在此期间，若营养物质充足，可促进花序分化增大，若营养不足时，则可能迫使其退化为卷须，这是葡萄花芽分化的第二个临界期。花序原始体分枝分化的多少，即花序的大小，花蕾发育是否完全，取决于这一时期的营养状况。如果在此期间营养条件不良，则上一年形成的花序原基轻则分化不良，胚珠不发育，并造成大量落花，重则花序原基全部干枯脱落。

冬芽中的预备芽也可能形成花芽，但分化的时间较主芽晚，西欧品种的预备芽形成花芽的能力较强，而东方品种群则较低。

夏芽的分化时间较短，一般几天之内即可完成。但花序的有无和多少，因品种和农业技术措施的不同而有差异。大多数葡萄品种，通过对主梢摘心能促使夏芽副梢上的花芽加速分化；通过对主梢摘心并控制副梢的生长，可促使冬芽在短期内形成花序，从而实现一年结 2 次果。

第二节　葡萄架式与整形修剪

一、架式

葡萄属蔓性果树，除少数品种枝条直立性较强，可以采取无架栽培外均需设架，才便于管理。架式可分为篱架、棚架（图 7-3）。

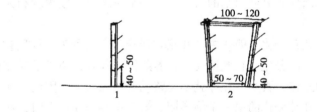

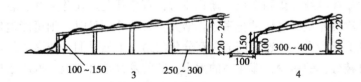

图 7-3　葡萄的主要架式类型（单位：cm）

1. 单壁篱架；2. 双壁篱架；3. 达篱架；4. 小棚架

1. 篱架

架面垂直于地面,葡萄分布在架面上。沿行向(一般为南北向)每隔6~8m设一根立柱,上拉数道铁丝引缚枝蔓。国内外大面积生产中应用较多。这种架式通风透光好,管理简便,适合机械化生产,适于平地、缓坡地采用。篱架又可分为单篱架、双篱架、宽顶篱架等。

2. 棚架

有大棚架、小棚架之分。其中,倾斜式大棚架架长6m以上,6m以下为小棚架。小棚架用料少,密植早丰产,便于寒冷地区下架埋土防寒,但机械耕作不便;漏斗式大棚架,葡萄栽在架中央,支架向四周伸展呈漏斗式圆形,外高内低,直径10~15m。仅在河北宣化等地庭院中采用;水平式棚架,架面高3m以上,病害轻,适于高温多湿不防寒的地区使用,也可以实行机械化耕作,但抗风能力较差;独龙架多在干旱丘陵地采用,架材容易就地取材;拱形棚架一般在观光葡萄园、庭院中,形成葡萄长廊,造价高,管理不便。所以,在大面积生产中很少采用。

3. 柱式架

国外不防寒地区用得较多。它以一根木棍支持枝蔓,植株一般采用头状整枝或柱形整枝,结果母枝剪留2~3芽,新梢在植株上部向下悬垂。当主干粗度达6cm以上,能直立生长时,可以把木棍去掉,成为"无架栽培"。柱式架简单,省架材,但通风透光较差。葡萄栽培中架式较多,各种架式的性能,详见下表。

葡萄主要架式性能表

架式名称	特点	存在问题	采用树形	适用条件
单壁篱架	通风透光、早果丰产、管理方便、利于密植，果实品质好	架面小，不适宜生长旺盛的品种，结果部位易上移	扇形、水平形、龙干形、"U"形整枝	密植栽培、品种长势弱、温暖地区
双篱离架	架面扩大、产量增加	费架材，不便作业，病害重，着色差，对肥水条件和夏季植株要求较高	扇形、水平形U形整枝	小型葡萄园
宽顶篱架（T形架）	有效架面大、作业方便、产量增加、光照条件好、品质好	树体有主干，不便埋土防寒，在埋土防寒地区不宜采用	单干双臂水平形	适合生长势较强的品种，不需要埋土越冬的地区
小棚架	早期丰产、树势稳定、便于更新	不便机耕	扇形、龙干形	长势中等品种，需要冬季埋土的地区
倾斜式大棚架	建园投资少，地下管理省工	结果晚，更新慢，树势不稳	无干多主蔓扇形、龙干形	寒冷地区、丘陵山地、庭院栽培、长势强品种

二、整形修剪

葡萄枝梢生长量大，蔓性强，叶大喜光，做好整形修剪十分重要。其目的是使枝蔓、叶片和果穗均匀分布于架上，从而可以获得更好的光照、温度、湿度，有效地促进生长及时控制营养消耗，达到优质、高产之目的。

整形

合理的树形能充分利用树体的内在因素和环境条件，使树形与生长结果统一，实现方便管理、降低成本、提高经济效益。整形成败的关键是蔓要伸展顺畅，结果部位分布均匀，并能得到不断更新复壮。

生产上常用的树形大致可分为三大类。

（1）扇形整枝。扇形整枝为葡萄产区采用较多的一种树形。依主干有无可分为有主干和无主干多主蔓扇形。无主干扇形又分为两种，主蔓上留侧蔓的自然扇形（图7-4）和不留侧蔓的规则扇形（图7-5）。在冬季埋土防寒地区，植株每年需要下架和上架，枝蔓要细软些，以便压倒埋土防寒，多采用无主干多主蔓扇形。其基本结构是植株由若干较长的主蔓组成，在架面上呈扇形分布。主蔓上着生枝组和结果母枝，较大扇形的主蔓上还可分生侧蔓。

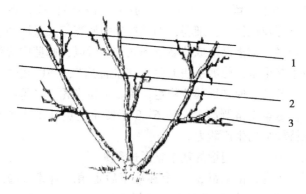

图7-4 多主蔓自然扇形
1. 主蔓；2. 侧蔓；3. 结果母蔓

篱架式栽培通常采用无主干多主蔓扇形，其主蔓数量由株距确定。在架高2m行距1.5m的情况下，每株留3~4个主蔓，每个主蔓上留3~4个枝组。该树形单株主蔓数量较多，成形快，能充分利用架面，达到早期丰产，同时主蔓更新复壮容易，便于埋土防寒。在修剪时应注意2点，一是要灵活掌握"留强不留

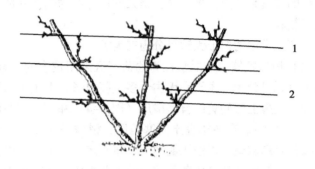

图7-5 多主蔓规则扇形

1. 主蔓；2. 枝组

弱"和"留下不留上"原则。因为结果好的强枝往往在架面上部，而下部枝往往生长细弱，如果过分强调当年产量而使上部强枝留得较多，则极易造成枝蔓下部光秃，所以，修剪中应注意上部强枝不能全留，修剪手法上要"堵前促后"，并以较强的枝留作更新预备枝，使结果部位稳定，主蔓不易光秃。二是要适时更新主蔓，尽量少留侧蔓，一般6~8年要轮流更新1次主蔓，使主蔓保持较强的生产能力。

无主干多主蔓扇形的基本整形过程如下。

第一年春天苗木留3~4个芽短截后定植。萌芽后选留3~4个壮梢培养，其余全部除去。当新梢达80cm以上时，留50~60cm摘心，以后对新梢顶端发出的第一副梢留20~30cm摘心，并疏除其余副梢。同样对副梢上发出的二次副梢留3~5片叶摘心，3次副梢留1~2片叶摘心。冬剪时，对壮枝留50cm短截，成为主蔓。弱枝留30cm短截，翌年继续培养主蔓。

第二年夏季，主蔓上发出的延长梢达70cm时，留50cm左右摘心，其余新梢留30cm摘心，以后可参照第一年的方法摘心。冬剪时主蔓延长蔓留50cm短截。其余枝条留2~3个芽短截，培

养结果枝组。上一年留 30cm 短截的待培养主蔓，当年可发出 2~
3 根新梢，夏季选其中 1 根壮梢在其长到 40cm 时留 30cm 摘心，
其上发出的健壮的副梢作主蔓延长梢处理，冬剪留 50cm，其余
副梢按培养枝组的方法处理。

第三年继续按上述原则培养主蔓和枝组，直到主蔓具备 3~4
个结果枝组为止。

多主蔓规则扇形（图 7-5）的各主蔓和结果部位呈规则状扇
形分布。如多主蔓分组扇形，多主蔓分层扇形。前者是以长、短
梢结果母枝配合形成结果部位（枝组），适于生长势较强的品种
和肥水条件较好的葡萄园；后者主要以短梢结果母枝形成结果部
位（枝组），对于树势中庸的品种较适合。规则扇形与自由扇形
相比较，结果部位严格分层，修剪技术简单，工作效率高。

（2）龙干式整枝。我国河北、辽宁等北方各葡萄产区常用
的一种整形方式。适于棚架和棚篱架。该整枝方式技术简单易
行，结果部位也较稳定，产量稳定，果实品质好。

龙干形有一条龙（干）、二条龙（干）和三条龙（干）之分
（图 7-6）。龙干结构是从地面直接选留主蔓，引缚上架，在主蔓
的背上或两侧每隔 20~30cm 着生 1 个似"龙爪"的结果枝组，
每个枝组着生 1~3 个短结果母枝，多用中短梢修剪。修剪时，
一要掌握好龙干的间距（50~70cm），肥水足，生长势强的品种，
间距宜大些，反之，则可小些；二要严格控制夏季修剪，防止空
蔓，并经常注意留好结果部位的更新枝。

二条龙干形的基本整形过程如下。

第一年，定植时留 2~3 个芽剪截，萌发后选健壮新梢用以
培养主蔓。当新梢长至 1m 以上时摘心，其上副梢可留 1~2 片叶
反复摘心。冬剪时，主蔓剪留 10~16 个芽。

第二年，主蔓发芽后，抹去基部 35cm 以下的芽，以上每隔
20~30cm 留一壮梢，夏季新梢长到 60cm 以上时，留 40cm 摘心。

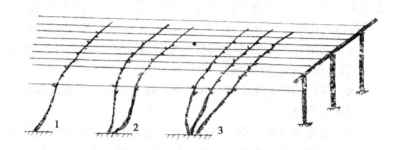

图7-6　龙干整枝

1. 一条龙；2. 二条龙；3. 三条龙

以后对其上的副梢继续摘心，冬剪时留2~3个芽短截。对主蔓延长梢可留12~15节摘心，冬剪剪留10~15个芽（长1~1.4m）。

第三年，在第二年留的结果母枝上，各选留2~3个好的结果枝或发育枝培养枝组，方法是在9~11片叶时摘心，及时处理副梢，并使延长蔓保持优势，继续延伸，布满架面。冬剪时可参考上年方法。一般3~5年完成整形任务。

（3）水平整枝。水平整枝在篱架上应用较多。冬季不下架防寒地区多采用有主干水平整枝，其树形可分别采用单臂、双臂、单层、双层、低干、高干等多种形式（图7-7）。冬季埋土防寒地区则必须使用无干水平整枝。

双臂单层水平整形是在定植当年留1个新梢作主干培养，当新梢长至25~30cm时摘心，摘心后留顶端2个副梢继续延伸，待新梢达10片叶后再摘心，培养为2个主蔓。冬剪时各留8个芽短截。第二年夏季抹芽定枝时，新枝蔓上每米留6~7个结果新梢，间距15cm。冬剪留2~3芽短截成为结果母枝。第三年夏季结果母枝发芽后，选留2个新梢分别作为结果枝和预备枝培养结果枝组，冬剪时分别留2~3个芽和4~6个芽。以后每年对结果枝组更新修剪。

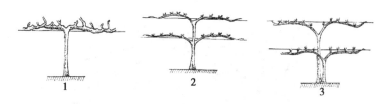

图 7-7　双臂水平整枝

1. 双臂水平龙干形；2. 双臂水平双层树形；3. 双层双干树形

第三节　设施葡萄架式与整形修剪技术

葡萄设施生产中，栽植方式、架式、树形和修剪方式常配套形成一定组合。栽植方式有单行栽植和双行栽植，以采用双行带状栽植为主。在日光温室内既有篱架，也有棚架，在大棚内多为篱架。目前，常见的组合有 2 种。

一、双篱架水平式整形

采用南北行向，双行带状栽植。株行距（1~1.5）m×（2~2.5）m，壁间距 0.8m，有 0.5~0.6m 长 2 条主干；也可计划密植（0.5~0.75）m×(2.0~2.5) m，留 1 条主干，翌年结果后隔株去株. 两行葡萄新梢向外倾斜搭架生长，下宽即小行距 0.5m，上宽 1.5~2.0m，双篱架结果。整形过程是：苗木定植后，当年先培养 2 个直立壮梢，梢长达 1m 时摘心并水平引缚于第一道铁线上，再发副梢垂直引缚于第二、第三、第四道铁线上，每隔 15~20cm 保留 1 个，培养成结果母蔓。翌年春萌芽后，在母枝基部拐弯处各选留 1 个直立强壮新梢，疏去全部花序作预备母枝，水平部分萌发的结果枝向上引缚。秋季结果后从预备母枝以上 1cm 处剪除老蔓，再将预备母枝压倒引缚于第一道铁线上代替原来的母蔓，如此重复更新(图 7-8)。

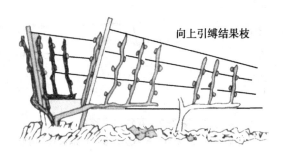

向上引缚结果枝

图7-8　双壁水平式整形

二、单壁直立式整形

株行距1m×1m，定植当年每株留2条新稍，直立引缚于架面上，稍长2m时摘心，留顶端1~2个副稍继续生长，达0.5m时摘心，其余副稍及顶端再发副稍留1~2片叶反复摘心。冬剪时母枝剪留2m左右，其上副稍全部剪除。翌年萌芽后，按一定蔓距均匀分布于立架面上。当年在第一道铁线下留壮芽，培养预备蔓，来年更新老蔓（图7-9）。

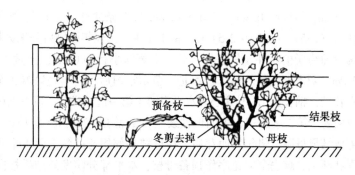

预备枝

结果枝

冬剪去掉　　母枝

图7-9　单壁直立式整形

三、单壁水平式整形

行距 2m 左右，株距 1～1.5m，当年先培养一直立新梢，当梢高超过 1m 时摘心，同时，水平引缚于第一道铁线上，加强肥水，促夏芽萌发。利用夏芽副梢培养结果母蔓，每隔 15～20cm 保留 1 个，并引缚立架面上使其直立生长，达到高度时摘心，当年成形（图 7-10）。但要加强管理，否则蔓粗不够，结果不良。

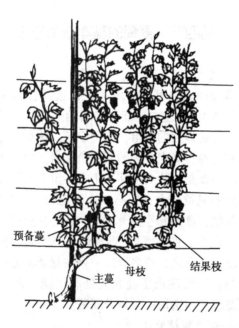

预备蔓

母枝

结果枝

主蔓

图 7-10 单壁水平式整形

四、小棚架单蔓整形长梢修剪

采用南北行向，双行带状栽植，株距 0.5m，小行距 0.5m，大行距 2.5m。每株葡萄培养一个单蔓，当 2 行葡萄的主蔓生长到

1.5~1.8m 时，分别水平向两侧生长，大行距间的主蔓相接成棚架。在水平架面的主蔓上每隔 20cm 左右留一个结果枝，结果新梢均匀布满架面。同时，在主蔓棚篱架部分的转折处，选留 1 个预备枝用于更新棚架部分的老蔓。篱架部分不留结果枝，保持良好的通风透光条件。即篱架部分保持多年生不动，棚架部分每年更新 1 次。该种整形方式具有结果新梢生长势缓和，光照条件好的优点。

第四节　葡萄的基本修剪方法

1. 抹芽、定枝

当芽已萌动尚未展开时，对芽进行选择性的去留，称为抹芽。而新梢长达 10cm 左右，能看出新梢强弱，花序有无及大小时，对新梢进行选择性的去留，称为定枝。抹芽、定枝的作用主要是节省营养消耗，确定合理的新梢负载量。生产中一般分两次进行，第一次主要是抹除畸形芽和不需要留下的隐芽以及同一节位上发出多芽的只留 1 个芽；第二次为定枝，一般篱架按 10cm 左右留 1 个新梢，棚架每平方米留 10 个左右新梢。定枝时一般掌握"四少、四多、四注意"，即地薄、肥水差、树弱、架面小时，应少留新梢；反之，则多留。一要注意新梢分布均匀；二要注意多留壮枝；三要注意主蔓光秃处利用隐芽发出的枝填空补缺；四要注意成年树选留萌蘗培养新蔓。

2. 新梢摘心与副梢处理

即掐去新梢嫩尖，抑制延长生长，使开花整齐，叶、芽肥大，分化良好。新梢摘心与副梢处理是葡萄夏季修剪的基本内容，其主要目的是控制枝梢生长，改善架面光照条件，促进养分积累，保证花果发育。具体方法因枝梢类型而异。

结果枝摘心应在开花前 3~5 天进行，在花序上留 4~6 片叶摘心，具体可选择达到成年叶 1/2 大小叶片的节间作为摘心部位。对副梢的管理常采取以下方法处理：先端 1~2 个副梢留 3~4 片叶反复摘心，其余的穗上副梢留 1~2 片叶反复摘心，或留 1 片叶摘心并掐去叶腋芽防止萌发 2 次副梢。对于果穗下的副梢则应全部除去。发育枝摘心应根据其具体作用而分别对待。培养主蔓、侧蔓的发育枝可在生长达到 80~100cm 时摘心，以后先端 1~2 个副梢及 2 次副梢均留 4~6 片叶摘心，其余副梢可参照结果枝果穗以上副梢的处理方法。培养结果母枝的新梢可留 8~10 片叶摘心，预备枝上的新梢也应根据需要摘心，它们发出的副梢亦按上述方法处理。此外，易发生日灼病的地区采用篱架栽培时，还要保留花序处及其上的 1 个副梢，留 2 片叶反复摘心，可为果穗遮阴，以减少日灼。

3. 疏花序、掐花序尖和疏粒

在花前进行疏花序和掐花序尖，在花后 2~4 周进行疏果，一般用于大穗型的鲜食葡萄品种。对于巨峰葡萄一般经过疏果后，每穗仅保留 35~40 个果粒，单粒重保持 10~12g。中国农业大学在牛奶葡萄上的初步试验表明，牛奶葡萄在花序整形的基础上通过花后疏果，疏去 1/4~1/2 果量，使每穗果粒保持在 80~100 粒，能显著地改进果穗与果粒的外观。对于瘠薄沙地上栽培的玫瑰香葡萄，于花期掐去 1/4~1/3 花序尖，可提高穗重，增产 3%~9%。对成熟期易裂果的乍娜葡萄采取果穗与新梢比为 1∶2 时，再配合水分管理，可明显减少裂果。

4. 短截

短截是葡萄冬季修剪中使用最多的剪法，往往是"枝枝短截"。根据结果母枝的剪留芽的多少，可将短截分为五种基本剪法。即超短梢修剪（剪留 1 个芽）、短梢修剪（剪留 2~4 个芽）、中梢修剪（剪留 5~7 个芽）、长梢修剪（剪留 8~12 个芽）、超长梢修剪（剪留 12 个芽以上）。具体又可根据品种特性、架式树形、夏季摘心强度等灵活运用。一般长梢或超长梢修剪方法适合于结果部位较高、生长势旺盛的东方品种群葡萄，多用于棚架。它能保留较多的结果部位，形成较高产量，但萌芽和成枝率较低，结果部位外移快。因此，在生产上采用长（或超长）梢修剪时，必须注意配备预备枝，以便回缩结果部位。而短梢修剪，萌芽和成枝率极高，枝组形成和结果部位稳定，适于结果部位低的西欧品种群和黑海品种群及篱架栽培。中梢修剪的效果介于两者之间，多在单枝更新时使用。

5. 绑缚枝蔓

按树形要求将枝蔓定向、定位绑缚在架面铁丝上，使其在架面上均匀分布，充分利用光能。通过控制绑蔓的方位，可有效调节枝蔓生长势。如扇形整枝，将生长势较弱的主蔓绑缚于正中，使其转强，而生长势较强的绑缚于两侧。

对中、长梢修剪的结果母枝可适当绑缚，采用垂直、倾斜、水平、弓形绑缚等方式，可抑强扶弱，对弱枝垂直或倾斜绑缚，对强枝水平或弓形绑缚，可有效地防止结果部位的上移。短梢修剪的结果母枝不必绑缚。新梢长到 $40 \sim 50cm$ 长时进行引缚固定，使其均匀分布于架面。除长势较弱的新梢和用于更新骨干枝的新梢可直立向上绑缚外，一般要保持一定倾斜度，切忌紧贴密挤架面。长势强的新梢，拉成水平状绑缚。部分新梢可自由悬垂。新梢上除靠近铁丝的卷须可以引导利用外，其余均应疏除。

绑缚材料可用马蔺、麻绳、布条或塑料绳。结扣要既死又活，使绑扎物一端紧扣铁丝不松动，另一端在枝蔓、新梢上较松，留有枝蔓加粗生长的余地。

6. 更新复壮

枝组的更新有单枝更新和双枝更新两种方法。对于以短梢为主的单枝更新法，结果母枝一般剪留 3~4 节，将母枝水平引缚，使其中上部抽生的结果枝结果，基部选择一个生长健壮的新梢，培养为预备枝，如预备枝上有花序应摘除。冬剪时，将预备枝以上部位剪去，以后每年反复进行。此法适用于母枝基部花芽分化率高的品种。对于双枝更新法，其修剪方法指在一个枝组上通常由一个结果母枝和一个预备枝组成，结果母枝长留（采用长、中梢修剪），另一个母枝作预备枝短留（留2~3个芽）。结果母枝抽梢结果后，冬剪时将其缩剪掉，留下预备枝上两个健壮的一年生枝，上面一个用作结果母枝，采用长、中梢修剪，下面一个作预备枝，剪留2~3个芽，每年反复更替进行。此外，生产上还应注意衰弱的主蔓及植株的更新复壮。

第八章　李

第一节　李生长结果习性

1. 生长习性

李为小乔木，中国李一般树高 4~5m，幼树生长迅速，呈圆头形或圆锥形，树冠随着年龄的增长而开张，寿命 30~40 年；欧洲李树势较旺，枝条直立，树冠较密集；美洲李树体矮，枝条开张角度大。美洲李和欧洲李寿命 20~30 年。

李树根系为浅根性，吸收根主要分布在 20~40cm 土层内。水平根的分布范围比树冠大 1~2 倍，但具体分布范围与种、品种及土壤有较大关系。如在土层深厚的沙土地，垂直根可达 6m 以上。

李树的萌芽力强，成枝力中等。幼树一般剪口下能发 3~5 个中长枝，以下则为短果枝和花束状果枝。李树芽也具有早熟性，一年可抽生 2~3 次枝。李的潜伏芽寿命很长，极易萌发，更新容易（图 8-1）。

2. 结果习性

（1）枝。李的枝条类型与桃相似。在幼树期新梢生长势较强，发育旺盛的新梢年生长量可达 1m 以上，并能进行 2 次生长。但进入结果期后，生长缓慢，长枝比例减少，中短枝比例增加，特别是花束状果枝数量猛增。据沈阳农业大学调查，进入盛果期的李树，不同品种的花束状果枝比例均超过结果枝总

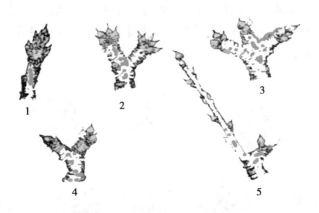

图8-1　李的花束状果枝类型

1. 花束状果枝；2. 二花束状果枝；3. 三花束状果枝并生；
4. 花束状果枝与叶丛枝并生；5. 花束状果枝与短果枝并生

量的半数。

　　李树枝条的坐果率与枝条类型有很大关系。一般中、长果枝上着生花芽比例少且坐果率低，而短果枝和花束状果枝花芽多且坐果率高。尤其是花束状果枝，每年顶芽延伸很短，并能形成新的花束状果枝，十余年其长度仅有20cm左右，短小粗壮，结实率高，故其结果部位外移较慢，且不易隔年结果。花束状果枝结果4～5年以后，当其生长势缓和时，基部的潜伏芽常能萌发。形成带分枝的二三花束状结果枝群（图8-1），大量结果，这是李树的丰产性状之一。但当营养不良生长势进一步下降时，则其中有的花束状果枝不能转化成花芽而转变成叶丛枝。当营养状况得到改善或受到某种刺激时，其中，个别的花束状果枝也能抽出较长的新梢，转变成短果枝或中果枝。

　　（2）芽。李的芽有花芽和叶芽之分。多数品种在当年枝条的顶端和下部形成单叶芽，而在枝条的中部形成复芽（包括花芽），李的叶芽在两芽并生时多为1个叶芽1个花芽，也有2个均是花芽的。3 芽并生时，一般是 2 个花芽在两侧，1 个叶芽夹在中间。也有时是 2 个叶芽与 1 个花芽并列或 3 个花芽、3 个叶芽并列，如图 8-2 所示。

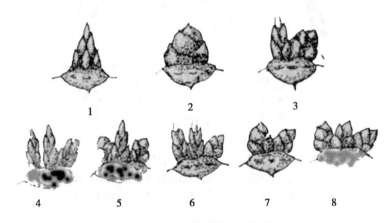

图 8-2　李芽着生状态示意图

1. 叶芽（单芽）；2. 花芽（单芽）；3~8. 复芽

　　李的花芽是纯花芽，但与桃、杏有别，每个花芽内包孕着 1~4 朵花，而桃杏每个花芽内仅含一朵花，中国李的自花结实率高，如香蕉李、秋李。但也有些品种自花结实率很低，如朱砂李、绥棱红等。所以，建园时，对自花坐果率低的品种要配置授粉树。

第二节　李子树整形修剪技术特点

1. 整形

李树树形主要有自然开心形和疏散分层形。

自然开心形是生产上应用较多的树形。此形骨干枝少，通风透光好，树体骨架牢固，内膛和下部枝组健壮，结实率高，寿命长，结果早，管理方便，其整形要求参照桃。疏散分层形是生产上的传统树形，老树应用较多。此树形干高30～40cm，主枝5～6个，第一层主枝3个，第二层主枝2～3个，层间距40～80cm，在第二层主枝上开心落头。第一层主枝上配备2～3个侧枝（两侧一垂），这种树形树冠较大，有利于提高单产，对生长势较强、树姿直立的品种及土质肥沃、管理条件较好的果园可以采用。

2. 修剪

李幼树修剪一般比桃树修剪量小。李幼树修剪要坚持以整形为主，轻剪缓放、促冠早果为辅的原则。对各级骨干枝的延长枝进行中截，培养骨架，扩大树冠，骨干枝以外的枝条，过密的疏除，直立的控制其变成斜生，其余枝条多进行缓放，以缓和树势，促其早果，以果压树，对内膛空间较大部位的枝条中截或重截培养成大、中型枝组，占领空间。另外，李幼树生长量大，要配合夏剪，控制竞争枝，利用副梢整形，疏除徒长枝和萌蘖。结果期树修剪主要是调节生长和结果的关系，缩小大小年幅度，保持中庸健壮树势，要坚持以"疏枝为主，短截为辅"的原则。特别是中国李，成枝力较强，如不适当修剪，常会造成枝条过密，影响产量。首先，对衰弱冗长枝组要去弱留强，去老留新，适当回缩。对下垂枝、重叠枝、交叉枝全部疏除；其次，对主侧枝上着生过多的短果枝和花束状果枝要适当疏除，以免影响树势。李衰老树要以疏除过密弱枝为主，及时回缩更新枝组到较大分枝处。修剪时，注意抬高枝头角度，并保持骨干枝间的从属关系。充分利用回缩后萌发的新枝更新枝组和树冠。

第九章 杏

第一节 杏生长结果习性

1. 生长习性

杏树树冠大，根系深，寿命长。在一般管理条件下，盛果期树高达 6m 以上，冠径在 7m 以上。寿命为 40~100 年，甚至更长。

杏树根系强大，能深入土壤深层，一般山区杏的垂直根可沿半风化岩石的缝隙伸入 6m 以上。杏的水平根伸展能力极强，一般可超过冠径 2 倍以上。杏树根系对空气的需求量很大，黏重低洼地积水时间长时根系易腐烂死亡。

杏树生长势较强，幼树新梢年生长量可达 2m。随着树龄的增长，生长势渐弱，一般新梢生长量 30~60cm。在年生长期内可出现 2~3 次新梢生长高峰。

杏树的叶芽具有明显的顶端优势和垂直优势，具有早熟性，当年形成后，如果条件适宜，特别是幼树或高接枝上的芽，很容易萌发抽生副梢，形成 2 次枝、3 次枝。杏树新梢的顶端有自枯现象，顶芽为假顶芽。每节叶芽有侧芽 1~4 个。但杏越冬芽的萌芽率和成枝力较弱，是核果类果树中较弱的树种。一般新梢上部 3~4 个芽能萌发生长，顶芽形成中长枝，其他萌发的芽大多只形成短枝，下部芽多不能萌发而成为潜伏芽。杏树潜伏芽寿命长，具有较强的更新能力。所以，杏树的树冠内枝条比较稀疏，层性明显。

2. 结果习性

杏树 2 ~ 4 开始结果，6 ~ 8 年进入盛果期。在适宜条件下，盛果期比桃树要长，10 年生以上的大树一般单株产量在 50kg 以上。

杏花芽较小，纯花芽，单生或 2 ~ 3 芽并生形成复芽。每花芽开一 朵花，但紫杏和山杏中的个别品种一个花芽中有 2 朵花的现象。在一个枝条上，上部多为单芽，中下部多为复芽。单花芽坐果率低，开花结果后，该处光秃。复芽的花芽和叶芽排列与桃相似，多为中间叶芽，两侧花芽，这种复花芽坐果率高而可靠。

杏树较容易形成花芽，1 ~ 2 年生幼树即可分化花芽，开花结果。据观察，兰州大接杏的花芽分化开始于 6 月中下旬，7 月上旬花芽分化达到高峰，9 月下旬所有花芽进入雌蕊分化阶段。大多数杏品种以短果枝和花束状果枝结果为主，但寿命短，一般不超过 5 ~ 6 年。由于花束状果枝较短，且节间短，所以，结果部位外移比桃树慢。

杏普遍存在发育不完全的败育花，不能够受精结果。雌蕊败育与品种、树龄和结果枝类型有关。据观察，仁用杏品种雌蕊败育花的比例明显低于鲜食、加工品种，如仁用杏品种白玉扁的雌蕊败育花仅占 10.73%，而鲜食加工品种则高达 25.73% ~ 69.37%；幼龄树易发生雌蕊败育，如仰韶黄杏 14 ~ 15 年生大树雌蕊败育率为 45.7% ~ 58.7%，而 4 年生幼树则高达 67.7%；各类结果枝中以花束状结果枝和短果枝雌蕊败育花的比例小，中果枝次之，长果枝较多。这与枝条停止生长有关，停止生长早，花芽分化早，有利发育成完全花。杏树落花落果严重，一般在幼果形成期和果实迅速膨大期各有 1 次脱落高峰。据调查，杏的坐果率一般为 3% ~ 5%。

第二节　杏树整形修剪技术特点

　　目前，杏生产上多采用自然圆头形，但整形期可多留辅养枝，以增加结果部位。也可采用自然开心形。杏幼树修剪要注意树形的培养，对主侧枝及中心干的延长枝短截至饱满芽处，剪留长度一般在50~60cm，对竞争枝、直立枝采取拉枝、摘心或扭梢等方法控制形成枝组。保持骨干枝间的协调平衡关系。坚持细枝多剪，粗枝少剪；长枝多剪，短枝少剪的原则，多用拉枝、缓放方法促生结果枝，待大量果枝形成后再分期回缩，培养成结果枝组，修剪量宜轻不宜重，如下图所示。

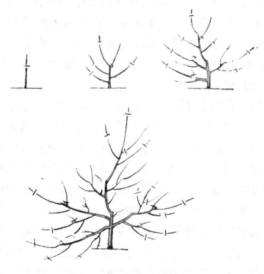

杏幼树冬剪树形培养

第十章　樱　桃

第一节　樱桃生长结果习性

生物学特性

1. 根系

大樱桃嫁接苗的根系因砧木种类和砧木繁殖方式的不同而不同，土壤条件和管理技术也有重大影响。在砧木方面，山樱桃的根系最发达，固地性强，在沿海地区较抗风害。中国樱桃和考特砧须根发达，但根系分布浅，固地性差，不抗风，易倒伏。在繁殖方式上，无性砧水平根发达，且有两层以上根系，根系分布比实生砧深，固地性强，较抗风。因此，在生产上应尽量采用无性砧。

土壤条件和管理水平对根系的生长和结构也有重大影响。据调查，中国樱桃砧20年生的大紫，在良好的土壤和管理条件下，其根系主要分布在40~60cm的土层内，与土壤和管理条件较差的同龄树相比，根系数量几乎增加1倍。因此，在生产上，既要注意选择根系发达的砧木种类，又要注意选择良好的土壤条件，加强土壤管理，促进根系发育。

同时，2年生的幼树生长季摘心、休眠季重回缩等也是促进大樱桃根系发育，增强固地性的一项基本措施。

2. 芽

大樱桃的顶芽都是叶芽。幼旺树上的侧芽多为叶芽；成龄树和生长中庸或偏弱枝上的侧芽多为花芽。一般中、短果枝的下部5~10个芽多为花芽，上部侧芽多为叶芽。花芽是纯花芽，每一个花芽可开1~5朵花，多数为2~3朵。大樱桃的侧芽都是单芽，每一个叶腋中只着生1个芽（叶芽或花芽），这种腋芽单生的特性决定了对大樱桃枝条管理上的特殊性。在修剪时，必须辨认清花芽与叶芽，短截部位的剪口芽必须留在叶芽上，才能继续保持生长力，若剪口留在花芽上，该枝条结果以后便会枯死，形成干桩。

大樱桃的萌芽力较强，成枝力较弱，一般在剪口下抽生3~5个中、长发育枝，其余的芽抽生短枝或叶丛枝，基部极少数的芽不萌发而变成潜伏芽（隐芽）。在盛花后，当新梢长至10~15cm时摘心，摘心部位以下仅抽生1~2个中、短枝，其余的芽则抽生叶丛枝，在营养条件较好的情况下，这些叶丛枝当年可以形成花芽。在生产上，可以利用这一发枝习性，通过夏季摘心来控制树冠，调整枝类组成，培养结果枝组。

大樱桃潜伏芽的寿命较长，20~30年生的大树其主枝也很容易更新，这是大樱桃维持结果年龄、延长寿命的宝贵特性。

3. 枝

大樱桃的结果枝按其长短和特点分为混合枝、长果枝、中果枝、短果枝和花束状果枝5种类型。

混合枝一般长度在20cm以上，仅基部的3~5个侧芽为花芽，其余均为叶芽，具有开花结果和扩大树冠的双重功能，但这种枝条上的花芽质量一般较差，坐果率也低，果实成熟晚，品质差。

长果枝一般长度为15~20cm，除顶芽及其邻近几个侧芽为叶芽外，其余侧芽均为花芽。结果以后，中下部光秃，只有叶芽部分继续抽生果枝。

中果枝的长度为 5~15cm，除顶芽为叶芽外，侧芽均为花芽。一般着生在 2 年生枝的中上部，数量较少。

短果枝的长度在 5cm 左右，除顶芽为叶芽外，侧牙均为花芽。一般着生在 2 年生枝的中下部，数量较多，花芽质量高，坐果能力强，果实品质好，是大樱桃结果的重要枝类。

花束状果枝的长度很短，节间极短，数芽密挤簇生，年生长量仅 0.3~0.5cm，除顶芽为叶芽外，侧芽均为花芽。这类果枝是大樱桃进入盛果期以后最主要的结果枝类型，花芽质量好，坐果率高，寿命长，一般可维持 7 年以上连续结果。

初果期树和旺树中，长果枝占的比例较大，进入盛果期以后的树或树势偏弱的树短果枝和花束状果枝占的比例就大。随着管理水平和栽培措施的改变，各类果枝之间可以互相转化。

在栽培中，要根据品种的结果特性，通过合理的土肥水管理和整形修剪技术来调整各类结果枝在树体内的比例及布局，以实现壮树、丰产、稳产的目的。

大樱桃的新梢生长期较短，与果实的发育交互进行。在芽萌动后立即有一个短促的生长期，长成 6~7 片叶，成为 6~8cm 长的叶簇新梢。开花期间新梢生长缓慢甚至停止。谢花后，又与果实第一次速长同时进入速长期。以后果实进入硬核期，新梢继续缓慢生长。果实结束硬核期，进入第二次速长期时，新梢生长较慢，几乎完全停止。果实采收后，新梢又有一个 10 天左右的速长期，以后停止生长。幼树新梢的生长较为旺盛，第一次停止生长比成龄树推迟 10~15 天，进入雨季后还有第二次生长，甚至第三次生长。

第二节　樱桃整形修剪特点

大樱桃的生长结果习性类似于苹果、梨，以短果枝和短果枝群结果为主，因而在整形修剪上可采用类似的办法。但其生长发育与其他果树树种也有不少不同之处。

（1）幼龄期生长势很强，萌芽力和成枝力均高。随着年龄的增长，下部枝条开张，形成近似圆锥形至圆头形的树形，但其极性依然表现很强，萌芽率高而成枝力弱。短截以后只在剪口下抽生3~5枝，其余的萌芽皆变为短枝。因此，幼龄树的整形修剪，应适当轻剪，以夏剪为主，促控结合，抑前促后，达到扩冠迅速，缓和极性，促发短枝，早果生产的目的。

（2）大樱桃的芽具有早熟性，在生长季多次摘心可促发2次枝、3次枝。夏季（花后）摘心（保留10cm左右）后，剪口下只发生1~2个中、长枝，下部萌芽形成短缩枝。因此，在整形修剪上，可利用芽的早熟性对旺树旺枝多次摘心，迅速扩大树冠，加快整形过程。也可利用夏季重摘心控制树冠，促进花芽形成和培养结果枝组。

（3）大樱桃在幼树时期分枝角度小，易形成所谓"夹皮枝"，在人工撑拉枝或负载量过大时，容易自分枝点劈裂，或在分枝点受伤处引起流胶，削弱树势、枝势。因此，在幼树撑拉枝开角时，不要强行撑拉，可将枝的中下部用手晃动然后拧劈再行撑拉，就可避免劈枝现象发生。

（4）大樱桃受伤后，容易受到细菌的侵染，导致流胶或根癌病的发生。因此，在田间管理上不要损伤树体，在整形修剪时尽量少造成大伤口。

（5）木质部的导管较粗，组织松软，休眠期或早春若过早进行冬季修剪，剪口容易失水形成干桩而危及剪口芽，或向下干缩一段而影响枝势。在修剪时期上应掌握在树液流动以后接近发芽以前进行，这时分生组织活跃，愈合较快，可避免剪口的干缩。

（6）大樱桃喜光，极性生长又强，在整形修剪时，若短截外围枝过多，就会造成外围枝量大，枝条密挤，上强下弱，内部小枝和结果枝组衰弱、枯死，内膛空虚，影响产量和质量。修剪进入结果期后的成龄树时，要注意减少外围枝量，抑强扶弱，改善冠内光照条件，提高冠内枝的质量，延长结果枝组寿命。

（7）大樱桃的花芽是侧生纯花芽，顶芽是叶芽。花芽开花结果后形成盲节不再发芽。在修剪结果枝类时，剪口芽不能留在花芽上，应剪留在花芽段以上 2~3 叶芽上。否则，剪截后留下的部分结果以后会死亡，变成干桩，成为前方无芽枝段，影响枝组和果实的发育。

第三节　樱桃树主要树形及其整形过程

大樱桃目前常用的丰产树形有丛状形、自然开心形和改良主干形。

1. 丛状形

丛状形类没有主干和中心干，自地面分出长势均衡的 4~5 个主枝，主枝上直接着生结果枝组。这种树形优点是骨干枝级次少，树体矮，树冠小，成形快，结果早，产量高，而且其抗风力强，不易倒伏。适合沿海和风大的地区，也适合于密植（图 10-1）。

丛状形整形过程为：第一年定干高度 20~30cm，促发 3~5 个主枝。6—7 月对主枝留 30~40cm 摘心，促发 2 次枝。翌年春天萌芽前，如果枝量不足，对强枝留 20cm 进行短截，其余的枝条不超过 70cm 的不剪，任其生长，超过 70cm 的枝留 20~30cm

图 10-1　丛状形

短截。第三年春只对个别枝进行调整，其余的枝条缓放，基本完成整形过程。这时，第一年发出的短枝上 90% 已形成花芽，可开花结果。

2. 自然开心形

美国华盛顿、俄勒冈州老的园林树体多用此形。该树形有独立的主干，干高 30~50cm，无中心干。在主干上分生出 4~5 个长势均衡的主枝，主枝在主干上呈 30°~45° 角延伸，在整个树冠空间均匀分布。每个主枝着生 6~7 个侧枝，开张角度为 50°~60°，在侧枝上着生结果枝组。该树形树冠开张，光照条件好，结果较早，产量高。树体较大，寿命较长，适合中密度栽植情况下干性较弱的品种（图 10-2）。

自然开心形的整形过程为：第一年定干 60~80cm，当年培养 3~5 个长势均衡、分布均匀的主枝。翌年春天，对选留的主枝，剪留 40~50 cm，培养 3~4 个侧枝，生长季对有空间的侧枝进行摘心。第三年春天，根据株行距的情况，继续培养侧枝，以后只对个别枝进行调整，或更新回缩。

3. 改良主干形

在欧洲称沃根中央干形（Vogel central leader），由德国大樱桃推广专家 Tobias Vogel 最角度缓放不剪。第一年春定干高度在

图 10-2　自然开心形

90cm 以上，通过刻芽、抹芽等手段，在离地面 60cm 以上部位培养 3~5 个主枝，主枝间距保持在 20cm 左右，且在空间均匀分布。第二年春中心干延长头剪留 40~60cm，继续插空按整形要求培养主枝。对上年留下的主枝拉开角度缓放不剪。以后 2~3 年重复上述工作，改良主干形便基本完成。

第四节　樱桃树不同树龄时期的修剪技术

1. 幼龄树的整形修剪

幼龄阶段的主要任务是养树，即根据树体结构要求，培养好树体骨架，为将来丰产打好基础。修剪的原则是轻剪、少疏、多留枝，应根据所选的树形采取不同的修剪方法。

（1）对主枝延长枝应促发长枝，扩大树冠。

（2）背上直立枝生长势很强，应极重短截培养成紧靠骨干枝的紧凑型结果枝组，也可将其基部扭伤拉平后甩放培养成单轴型结果枝组。

（3）中庸偏弱枝一般长势趋缓，分枝少，易单轴延伸，可培养成结果枝组。

（4）拉枝开角，缓和长势，提高萌芽，增加短枝，促进成花，提早结果。

2. 盛果期树的修剪

大樱桃大量结果之后，随着树龄的增长，树势和结果枝组逐渐衰弱，结果部位外移。此时，在修剪上应采取疏枝回缩和更新的修剪方法，维持树体长势中庸。骨干枝和结果枝组是继续缓放还是回缩，主要看后部结果枝组和结果枝的长势及结果能力。如果后部的结果枝组和结果枝长势好，结果能力强，则外围可继续选留壮枝延伸；反之，若后部的结果枝组和结果枝长势弱，结果能力开始下降时，则应回缩。进入盛果期后，树体高度、树冠大小基本上已达到整形要求，此时，应及时落头开心，增加树冠内膛的光照强度，对骨干延长枝不要继续短截促枝，防止果园群体过大，影响通风透光。

盛果期树的结果枝组在大量结果后，极易衰弱，特别是单轴延伸的枝组、下垂枝组衰老更快。对衰老失去结果能力的或过密的枝组可进行疏除，对后部有旺枝、饱满芽的可回缩复壮。盛果期大树对结果枝组的修剪一定要细致；做到结果枝、营养枝、预备枝 3 枝配套，这样才能维持健壮的长势，丰产、稳产。

3. 衰老树的修剪

树体进入衰老期后，应有计划地分年度进行更新复壮。利用大樱桃树潜伏芽寿命长易萌发的特点，分批在采收后回缩大枝，大枝回缩后，一般在伤口下部萌发新梢，选留方向和角度适宜的 1~2 个新梢培养，代替原来衰弱的骨干枝，对其余过密的新梢应及早抹掉. 对保留的新梢长至 20cm 时进行摘心，促生分枝，及早恢复树势和产量。如果有的骨干枝仅上部衰弱，中、下部有较强分枝时，也可回缩到较强分枝上进行更新。更新的第 2 年，可根据树势强弱，以缓放为主，适当短截选留骨干枝，使树势尽快恢复。

4. 放任树的修剪技术

放任树是指栽植 7 年以后未按要求进行整形，或根本未进行修剪的树。对这种树的修剪，首先要疏除过密大枝和外围的竞争枝，解决树冠内部的通风透光问题，如果中心干过强，可在适当部位开心。其次把大枝拉成接近水平，由于大枝很粗，不易撑拉，可先在大枝基部距分枝点 20~30cm 处劈裂 20cm 左右，然后均匀用力将枝拉成所需角度。拉枝开角后，抑制了新梢过旺的营养生长，有利于光合产物积累，更主要的是解决了树冠内的通风透光问题，提高了花芽的质量。经过上述处理，当年便大量形成结果枝，第二至第三年便可大量结果。

第十一章 枣

第一节 枣树生长结果习性

一、生长习性

1. 枣树嫁接苗

栽植后，当年即可开花结果，根蘖苗栽植后 2~3 年开花结果，结果期长，经济寿命一般为 70~80 年。

2. 枣树的根系

枣树的根系生长力强，水平根发达，其分布一般超过冠径的 3~6 倍，以 15~40cm 深的土层中最多，50cm 以下很少有水平根。垂直根分布深度与品种、土壤质地、管理水平等有关，一般为 1~4m。枣树根系每年有一次生长高峰，出现在地上部停长后的 7/下至 8/中。枣树容易产生根蘖，可采用分株繁殖和根蘖苗归圃建园。

枣树根系主要由水平根、垂直根、侧根和细根组成。

（1）水平根。枣树的水平根很发达、形体粗大、延伸力强，一般可为冠幅的 3~6 倍。在山地、丘陵地多石缝区，水平根也可曲折生长，或形成扁根，能向四周扩大根系范围，故称作"行根"或"串走根"。一年生幼树根系可长达 4m 左右，40~50 年生的壮龄树，根系长达 15m 以上，直径 1~10cm。分枝力不强，1~2m 常常没有分枝，细根也很少。分布深度集中在 15~50cm 的土层中，尤以 15~30cm 的浅土层最多。

（2）垂直根。垂直根是由水平根向下分枝形成。其功能是固定树体，吸收土壤深层的水分和养分，深达 4m，但粗度较小，一般不超过 1cm，分枝力弱，多斜向上生长。

（3）侧根。侧根是由水平根分枝而成，长 1~2m，直径 0.5~1cm，分枝力强，延伸力不强，在其上及末端着生很多细根。侧根与水平根连接处常膨大成萌蘖脑，抽生根蘖。因侧根主要是吸收水分、养分和繁殖新植株，因而又称单位根或繁殖根。侧根延伸长度超过 2m 以上或继续加强，则转化为骨干根。

（4）细根。细根又称须根。主要由侧根形成，水平根和垂直根上为数稀少。直径 0.1~0.2cm，长 10~30cm，寿命短，一般存活一个生长季，落叶后大量死亡。细根对土壤空气及肥水状况很敏感，土质条件好，生长快，密度高，遇旱遇涝容易死亡。因此，栽培上应重视土壤改良，加强肥水管理，为细根生长发育创造良好条件。

3. 芽

枣树的芽有主芽和副芽 2 种。

（1）主芽。主芽外面包有鳞片，着生于枣头和枣股的顶端以及枣头 1 次枝、2 次枝的叶腋间。枣头顶部的主芽，生长力极强，通常都能连续抽生枣头，扩大树冠。枣头侧生主芽，形成后 2~3 年，都不能萌发，3~4 年后逐渐萌发，多数成为枣股，也可萌发为枣头。枣股顶端的主芽，萌发后年生长量极小，仅 1~2mm，只有受到强烈刺激后（如修剪、枝条折断等），少数萌发成枣头。枣股的侧生主芽，多不萌发或成潜伏芽，潜伏芽的寿命很长，所以枣树更新复壮较容易。

（2）副芽。副芽位于主芽的侧上方，为早熟性芽，当年即可萌发。只能萌发 2 次枝、3 次枝和枣吊。着生在枣头上的侧生副芽，中上部的形成结果基枝（永久性 2 次枝），下部的萌发成枣吊。枣头永久性2次枝各节叶腋间的副芽，可萌发为3次枝。枣股上的副芽多萌发为枣吊开花结果。

4. 枝

枣树的枝条有枣头（发育枝）、枣股（结果母枝）和枣吊（结果枝）3种。

（1）枣头。枣头即发育枝。由主芽萌发而成，是形成枣树骨干枝和结果母枝的基础（图11-1）。

图11-1 枣头的萌发和主芽形态

1. 枣头顶生主芽（放大）；2. 永久性二次枝；3. 枣吊；4. 枣头萌发处；5. 枣头一次枝；6. 枣头枝腋间主芽

枣头由1次枝、永久性2次枝和3次枝（枣吊）组成。枣头1次枝生长迅速，年生长量可达1m以上。在其基部由副芽抽生的二次枝多为脱落性的，在中上部长呈"之"形的2次枝多属永久性的，是形成枣股的基础，也称结果基枝。长度不超过30～40cm，节数变化甚大（4～13节不等），其每个节上的主芽都能

形成 1 个枣股。永久性 2 次枝无顶芽，叶腋间各有 1 个主芽和 1
个副芽，主芽当年不萌发，副芽当年可萌发形成枣吊开花结果。
枣头的强弱和多少，决定了产生枣股的数量，也决定着产量的
高低。

（2）枣股。枣股是一种短缩的结果母枝。由枣头 1 次枝和永
久性 2 次枝的主芽萌发而来（图 11-2）。枣股顶生的主芽每年萌
发，但生长缓慢，年生长量很小（仅 1~2mm）。其上的副芽抽生
2~7 个脱落性 2 次枝。枣股寿命一般为 6~15 年，因着生位置而
异。枣头 1 次枝上的枣股寿命较长，2 次枝上的枣股寿命较短。
如对弱枝回缩更新或自然更新后，枣股上常会由顶芽抽生强壮的
枣头，其上形成新的枣股。

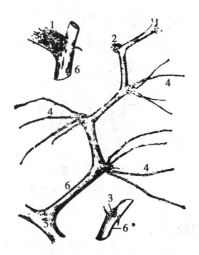

图 11-2　二次枝及枣股形态

1. 老年枣股；2. 中年枣股；3. 1 年生枣股；4. 枣吊
（落叶后）；5. 枣头一次枝叶腋间主芽；6. 多年生二次枝

（3）枣吊。枣吊是枣的结果枝，为一种细软下垂的脱落性
枝，是着生叶片和开花结果的主要部位。多由枣股的副芽发出或

由枣头 2 次枝各节的副芽抽生，每个枣股可由副芽萌生 3~5 个枣吊。枣吊一般长 10~25cm，以 4~8 节上叶面积大，3~7 节结果最多。枣吊随枣股年龄变化而增减，3~6 年生的枣股抽生枣吊多，结实力最强。从枣吊基部第二、第三节起，每个叶腋间着生 1 个聚伞花序，中部各节的花序开花多，坐果率高。每 1 个花序有花 3~15 朵，以中心花座果最好。由枣吊的基部至先端逐次开花。全树花期可延续 1 个月以上（图 11-3）。

图 11-3　枣吊

1. 枣股；2. 枣吊；3. 枣花序

二、结果习性

1. 花芽分化

枣的花芽分化具有当年分化、多次分化、分化速度快、单花分化期短、持续时间长等特点。一般是从枣吊或枣头的萌发开始进行分化，随着枣吊的生长由下而上不断分化，一直到枣吊生长停止结束。每朵花完成形态分化需 5~8 天，1 个花序 8~20 天，

1个枣吊可持续1个月左右。

2. 开花和授粉

枣树开花多，花期长，但座果率较低。当日平均温度达23℃以上时枣树进入盛花期。单花的花期在1天左右，一个枣吊开花期10天左右，全树花期经2~3个月。枣属虫媒花，一般能自花结实，如配置授粉树或人工辅助授粉可提高座果率。若花期低温、干旱、多风、阴雨湿润等则影响授粉受精，降低座果率。

3. 果实发育

枣果实发育分迅速生长期、缓慢生长期和熟前生长期3个时期，具有核果类果实（双"S"形）的发育特点。多雨年份少数品种在果实成熟期会出现裂果现象。

枣的花量大、花期长，但自然坐果率低（仅1%~4%），落花落果较重。落果时期可分为3个阶段：第一时期为落花后半月左右，占总落果量的20%；第二时期为7月中下旬，因营养不足而落果，占总落果量的70%；第三时期为采前落果，由风、干旱、病虫为害等外因引起，约占10%。由此可见，只要加强管理，枣树的增产潜力很大。

第二节　密植枣树主要整形以及环剥技术

（1）适于枣树密植的树形有以下几种。

①小冠疏层形。适于55~110株/667m^{2}的枣园采用。主干高30~40cm，全树主枝5~6个，分三层排列，第一层3个，第二层1~2个，第三层1个；主枝上直接着生大中小不同类型的结果枝组，树高及冠幅不超过2.5m。

②自由圆锥形。适于110~220株/667m^{2}中密度的枣园。主干高度35~40cm，全树主枝8~10个，均匀地排列在中心干上，不分层；主枝上直接着生中小型结果枝组，不安排大型枝组；冠

高与冠幅约为 2.0m 左右。

③单轴主干形。适于 220～330 株/667m²高密度的枣园。树体无明显主枝，结果枝组直接着生在中心干上，下部的枝组较强，上面的枝组依次减弱；全树有枝组 12～15 个；树高约 2m，树冠成形达到高度即落头。采用此树形保证树冠内的通风透光，株间要留有 30～35cm 宽的发育空间，行间要留有 80cm 宽的作业道。

（2）密植园在经过 3 年扩冠 2 年整形后，即进入旺盛结果期。这一时期维持植株各部分生长的平衡和解决好光照很重要。可采取以下措施。

对株行间留用的临时性植株，应彻底移栽（或间伐）；高密度枣园，在光照条件恶化时，也应采取隔株隔行间移，打开光路，以保证植株正常生长结果。

树冠高度超过规定要求，应及早回缩中心干，保持树冠内上下生长均衡。树冠之间出现碰头交接时，应适当回缩各主枝和枝组，使株与株、行与行之间留有一定的生长空间和作业道。

对树冠内、枝组间出现的直立、交叉、重叠、枯死的枣头或 2 次枝，应从基部疏除或回缩。为延长结果年限，实现高产优质，每 3～5 年对枝组进行一次更新。

（3）枣树环剥技术。

①作用：环剥由于切断了韧皮部组织，截断了叶片制造的营养物质向下输送的通道，使大量养分积累在切口以上，集中供应开花结果，从而提高了坐果率。

②环剥适期：为盛花初期（即开花量占总花蕾数的 30%），宜选在天气晴朗时进行。

③方法：初次环剥的树，在距地面 10～30cm 处开始，用刀环剥深达木质部，宽度为 0.3～0.5cm（旺树宽、弱树窄）。剥时不留残皮，剥口可涂药防虫（25%的久效磷）、贴纸或塑料布以

防水分蒸发，经 20~30 天，伤口即可愈合。以后每年向上间隔
3~5cm 再剥 1 次，或隔一年剥 1 次，剥后适当追肥。对于环剥后
的树，如出现树势衰弱、叶色变黄，要停止环剥，经过 2~3 年
树势恢复后再行环剥。10 年生以内的幼树以及弱树不宜环剥。

④环割：6 月下旬在枣头基部 7~10cm 处，用刀环割 1 周，将
形成层割断，有明显提高枣树坐果率，促使幼树提早结果的作用。

第三节　小冠疏层形枣树整形修剪技术

一、定植后的修剪

1. 定干

枣树定植后如枣苗树干直径达 2~3cm 时，在主干 50~70cm
处短截定干。定干时要将中心干延长枝剪去，同时，要把剪口下
的第一、第二个 2 次枝也剪掉，以促进枣头主芽萌发。

2. 选留主枝

定干后，第二、第三年冬剪时，利用主干上的主芽萌发的枣
头作为中心干，在其下选留方向和角度合适的 3 个二次枝，各留
2~3 个芽短截，促其萌发枣头，培养为第一层主枝，其余 2 次枝
疏除。以后再在中干上距第一层主枝 50~60cm 处选留剪口下 2~
3 个 2 次枝，留基部 2~3 个芽短截，促其生长发育成第二层主
枝。翌年在中心干上距第二层主枝 40~50cm 处选留第三层主枝 1
个。主枝上直接着生各类结果枝组，成形后树高及冠幅不超
过 2.5m。

二、结果树的修剪

对已结果树的修剪，要根据树势强弱、树冠大小、枝条多小
等因树修剪。原则上是以疏为主，疏除过密枝、交叉枝、病残枝

等。同时，要视树冠发展情况，对中心干和主枝的延长枝适当短截，并要对生长势较弱的二次枝适当回缩修剪，保留中部生长势强的枣股进行多次结果。具体方法如下。

1. 生长势强的树

强旺的枣头一般不短截，枣头过多时可适当疏除。枣头2次枝轻截或不截。

2. 生长势衰弱的树

应适当加重修剪。对衰老的枣头要重短截或回缩。并剪去剪口下的第1~2个2次枝，促其萌发新枣头。对主枝上的衰弱枝和下垂枝进行适度回缩，促使萌发较强的枣头。对2次枝要根据其结果的多少和其上枣股的强弱适当短截或回缩，提高抽生枣吊和开花坐果的能力。

第十二章 山　楂

第一节　山楂生长结果习性

一、生长习性

1. 根系

山楂为浅根性果树，主根不发达。根系多分布在地表下 10～60cm 土层内，易发生不定芽而形成根蘖，实生或自根树的根蘖苗可直接定植。一般多利用根蘖作砧木，进行嫁接繁殖，也可利用山楂根系易生不定芽的特点，采用根段扦插，繁殖苗木或砧木。

2. 芽

按性质分为叶芽和花芽。叶芽小而尖。同一枝条上的芽，顶芽较大。一般顶芽和枝条上部的芽比较饱满，翌年可以发枝，且生长势较强，枝条中下部的芽发枝较弱，或不发枝而成为潜伏芽，潜伏芽的寿命较长，有利于枝条的更新复壮。

山楂的花芽为混合芽，花芽肥大饱满，先端较圆。春季萌发后，抽生结果新稍，顶端着生花序，进入结果期的树，生长健壮的枝条大都能够形成花芽，长而粗壮的枝条可以形成十多个花芽，第二年形成结果新稍，开花结果。

3. 枝条

山楂的枝分为营养枝、结果枝和结果母枝。由叶芽萌发的枝条叫营养枝，营养枝按其长度可分为叶丛枝、短枝、中枝和长枝，一般和苹果的分法相同。由混合芽萌发的枝条称为结果枝，结果枝长度多在 15cm 以下，一般长而粗壮的结果枝开花结果多，细弱的结果枝开花少，坐果率低。

着生结果枝的枝条称结果母枝，由上年营养枝转化形成的结果母枝较长，着生结果枝较多，初结果树这类母枝较多，由上年结果枝转化形成的结果母枝较短，着生结果枝较少，一般盛果期树这类母枝较多。

山楂为乔木，成枝力强，层性明显，树冠外围枝条容易郁闭，冠内通风透光不良、小枝生长弱，以致内部枯死枝逐年增多，各级大枝的中下部逐渐秃裸，结果部位外移。

由于连年在树冠外围结果，枝头生长势逐渐减弱，先端小枝枯萎，骨干枝下部的潜伏芽萌发形成强壮的徒长枝，代替原枝头进行更新。由于山楂树自然更新能力强，所以，维持盛果期的年限长。

4. 叶

山楂各类枝条的叶片数，依着生部位不同而异，长发育枝的叶片多者达 20 片以上，而结果枝叶片多在 10 片以下。由于结果状况不同，其叶片的生长和分布也不一样，一般幼龄树树冠外围的枝条，叶片从基部向上依次由小变大，而成年树枝条上的叶片分布状况则与此相反，这主要是由于树体贮藏营养的多少所决定的。因此，生产中应注意秋季保护好叶片，加强土壤管理，增加树体贮藏营养，为来年的生长、结果打下良好基础。

5. 果实

山楂生长期 180~200 天，从开花到果实成熟需 140~160 天。花后常因营养不良和授粉的关系，落花落果较为严重。初花后 3~4 天开始落花，1 周内形成高峰，初花后 2 周出现幼果脱落，约 1 周集中脱落期，以后基本稳定。

二、结果习性

花芽分化

山楂花芽分化期较苹果、梨、桃晚，时间长。不同枝类开始

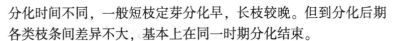

分化时间不同，一般短枝定芽分化早，长枝较晚。但到分化后期各类枝条间差异不大，基本上在同一时期分化结束。

山楂花芽是在枝条停长后 3~4 个月才开始分化。此时，果实已接近成熟，花芽分化与枝条生长和果实发育交错进行，树体营养分配上矛盾较小，在养分供给上为花芽形成创造很有利的条件。

山楂的花芽分化和连续结果能力都很强。进入结果期后，除徒长枝、强旺的延长枝及细弱枝外，凡生长充实的枝条都可以形成花芽。顶芽和第一、第二侧芽能形成花芽，条件良好时，第三、第四、第五侧芽也能形成花芽。健壮的结果新梢，花序下第一、第二侧芽多形成花芽，营养充足时，第三、第四侧芽也能形成花芽。但弱枝只能形成 一个或不能形成花芽。

结果母枝长度、粗度和着生花芽数以及每序花数有密切关系，母枝长而粗的，花序多，花数也多。随树龄增长，结果母枝长度逐年变短，但仍是长枝形成大花芽数多于短枝。果枝可连续结果 2~4 年，多的可达 10 年左右，见下图所示。

图　山楂结果习性

1. 结果母枝（上年的结果枝）；2. 结果枝顶端花序下枯死部分；3. 结果枝；4. 叶片；5. 果实

第二节　山楂整形修剪技术

一、整形

山楂树形可用自然开心形和变则主干形，最好是低干、矮冠的主干疏层形，新建园可试用纺锤形。

1. 主干疏层形

干高30~60cm，树高4m左右，层间距100~20cm，主枝5~6个，每个主枝上有侧枝2~4个，主枝开张角度60°~70°，盛果期以后逐步落头开心成延迟开心形。

2. 自然开心形

干高10~30cm，整形带30cm左右，全树3个主枝，每主枝上着生3个侧枝，其中，2个斜侧，1个背下侧。主枝角度自然开张，主枝角度太小时，主要靠侧枝开张角度。

二、修剪

幼树期在2~4年内，根据树体生长状况，本着旺树轻、弱树重的原则，对骨干枝延长枝实行轻短截或中短截（减去枝条长度的50%），也可以缓放后早春刻芽，还可以生长期摘心，促进早分枝、早成形。非骨干枝中，强枝在有生长空间的地方，可在春秋梢交界处戴帽短截，萌芽数和成枝数最多；在不缺枝的地方用缓放、环剥、晚剪、生长期拉枝和摘心等方法处理，萌芽率高，成花容易；生长期及时进行摘心挦枝等处理，不使其形成过强枝。内膛细长枝在饱满芽处轻短截生长量最大，容易复壮。

初果期修剪要保持好各级骨干枝的从属关系，调节个主枝间的平衡，同时，培养好结果枝组，初果树多以中、长结果母枝，其上部抽梢，下部芽多不萌发，出现光腿。在结果1~2年后，应轮流回缩，培养结果枝组，防止结果部位外移。可以进行中部环剥、弯枝、别枝等促进光秃带萌发枝条，或结果后逐步回缩。

盛果期尽量保持树冠内部通风透光，培养更新结果枝组，使结果枝比例占50%左右，平均粗度0.45cm左右，叶面积系数4~5。按培养的树形维持、调整好各级骨干枝，逐年分批处理辅养枝，保持健壮树势。衰老树回缩更新，进行复壮。

第十三章 柿 树

第一节 生长结果习性

一、生长发育习性

1. 根系

随砧木而异，君迁子根系分布浅，分枝力强，侧根多，根系多分布在 10~40cm 土层中，水平分布达树冠 3 倍以上，根系十分强大，耐瘠薄土壤，根系含单宁高，受伤愈合难，1 年中生长比地上部分晚，移栽时尽量保全根系，保证成活。

2. 芽

柿树有花芽、叶芽、潜伏芽和副芽 4 种（图 13-1）。

花芽：为混合芽，着生在结果母枝顶部，肥大饱满，萌发后抽生结果枝。

叶芽：着生在发育枝上，结果母枝的中部或细弱结果枝的顶部，比花芽瘦小，萌发后抽生发育枝。

潜伏芽：着生枝条下部，较小，寿命可达 10 余年，修剪或受伤后可萌发抽枝。

副芽：位于枝条基部两侧，有鳞片覆盖，当正芽受伤或枝条重截后能萌发抽枝，是更新树冠的主要来源。

3. 枝条

柿树枝条可分为发育枝、徒长枝、结果枝和结果母枝。

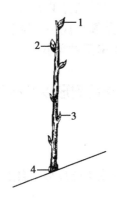

图 13-1　柿树的芽
1. 伪顶芽；2. 混合芽；3. 叶芽；4. 副芽

发育枝：由叶芽萌发，潜伏芽和副芽受刺激后也可萌发发育枝，一般长 15cm 以上且较粗壮的为强发育枝，营养充足时其顶端可形成花芽而转化成结果母枝，长 10cm 以下，生长细弱的为弱发育枝，不能形成花芽。

徒长枝：由直立旺枝顶芽或潜伏芽、副芽抽生萌发，节间长，组织不充实。

结果枝：由结果母枝顶部混合芽抽生，自下而上分为 3 段：基部 3~4 节为潜伏芽，中部数节着生花芽，无腋芽，开花结果后成为盲节，顶部 3~6 节为尾枝段，营养条件好形成花芽，转为结果母枝，细弱时形成叶芽，成为发育枝。

结果母枝：一般有 2~3 个混合花芽，粗壮结果母枝花芽多而饱满，抽生结果枝多而粗壮，开花结果多，结果母枝上的花芽自上而下抽生结果枝能力依次减弱。

二、结果习性

柿花分为 3 种：雌花、雄花、两性花，一般栽培品种仅生雌花，着生结果枝中部，花单生，雌蕊发达，雄蕊退化，具有单性结实能力，雄花 1~3 朵簇生成序，雌蕊退化，雄花、两性花仅个别品种上出现，结实率低果实小。

第二节　柿树常用树形以及不同时期修剪技术

一、常用树形

柿树的主要树形有主干疏层形、自然半圆形。

1. 主干疏层形

树形结构特点是，有明显的中央领导干，主枝分层分布于中央领导干上。第一层有 3 个主枝，第二层 2 个主枝，第三层 1 个主枝，上下两层主枝错开分布，层间距离 60~70cm，同层上下主枝距离为 40~50cm。主枝上着生侧枝，侧枝间距离约 60cm，侧枝上着生结果枝组。树冠呈圆锥形，主干高 60cm 左右，全树高 6~7m。为防止形成上强下弱局面，后期要控制上层枝条，不使生长过旺，必要时，可以考虑落头。此树形适于干性强、顶端优势显著、分枝少、树姿直立的品种，如磨盘柿、镜面柿等。

2. 自然半圆形

没有明显的中央领导干，在主干上端着生 4~6 个主枝，斜向上自然生长，各主枝生长势大体均衡，主枝上分层着生侧枝，侧枝间互相错开，均匀分布，使树冠呈半圆形。该树形树冠开张，树体较矮，内膛通风透光良好。

二、不同年龄时期修剪

1. 幼树的修剪

（1）定干。定植后剪截定干，定干高度 1.2m，并选留第一层主枝。

（2）中干和主侧枝的修剪。中干生长较强，应剪去全长的1/4 或 1/3，去掉壮芽，以保持均衡。中干达第二层高度时短截，促发强壮分枝作第二层主枝。主侧枝一般不短截，为平衡骨干枝的生长，对强主侧枝可剪去一部分，以减缓生长势。修剪时，注意开张角度，扩大树冠，少疏多截，增加枝量。

（3）枝组培养和修剪。短截骨干枝以外中庸发育枝，促生分枝，培养结果枝组。

2. **盛果期树的修剪**

（1）调整骨干枝角度以均衡树势。结果盛期后的骨干枝，前端极易下垂，应及时调整骨干枝的角度，将生长衰弱的主枝原头逐年回缩到向斜上方生长，逐渐代替原头，抬高主枝角度，恢复主枝生长势（图 13-2）。对过多的大枝应分年疏除，改善内膛光照，促使内膛小枝生长健壮，开花结果。

图 13-2　骨干枝回缩

（2）截缩结合以培养结果母枝。盛果期应注意多培养健壮的结果母枝，这是增产的关键。要利用回缩大枝发的新枝（包括徒长枝），适时短截，促其分枝，培养结果母枝，同时将过多的结果母枝短截，培养出预备枝，作为第二年的结果母枝。

具体方法：第一年将多余的结果母枝短截，使之成为更新母枝；第二年抽出 2 个结果母枝，上枝结果，下枝短截成为更新母枝（图13-3）。

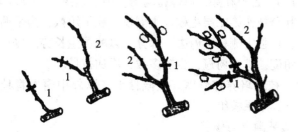

图13-3　结果母枝更新

（3）利用发育枝、徒长枝，培养结果母枝。利用柿树内膛发育枝、徒长枝计划有目的促发更新枝，培养结果母枝。

（4）疏除细弱枝、密挤枝、交叉枝、丛生枝、病虫枯枝，减少养分消耗，以利通风透光。

3. 衰老期树的修剪

衰老期树势极度衰弱，修剪时可根据衰老程度进行回缩，一般可在5~7年生部位留桩回缩，甚至于主枝的部位回缩更新。

第十四章 板栗栽培技术

第一节 板栗生长结果习性

一、生长特性

栗树喜光，树势开张。实生苗第一年地上部分生长较慢，地下部分生长较快，2~3年后，地上部分加快，一般5~7年开始结实，15年左右进入盛果期，少数品种的实生苗，播种后，2~3年甚至当年即有一部分植株开花结果。

1. 根系

栗树是深根性树种，侧根细根均发达，成年树根系的水平伸展范围广，超过枝展1倍以上，垂直分布以20~60cm的土层根系最多，在土层薄而石砾较多的地区，分布较浅，易遭大风吹倒。

栗根于4月上旬开始生长，吸收根7月下旬大量发生，8月下旬达到高峰，以后逐渐下降，在生长期有明显的一次生长高峰，至12月下旬停止生长进入相对休眠期。栗树根系损伤后愈合能力较差，栗根破伤后，皮层与木质部易分离，伤根后需较长时间才能萌发新根。且苗龄越大，伤根越粗，愈合越慢。故在移栽和抚育时忌伤大根过多，以免影响生长。

栗树幼嫩根上常有菌根共生，菌丝体成罗纱状，细根多的地方菌根也多，菌根可使根系表皮层细胞显著增大，增加根系的吸收能力，扩大吸收面积，还可分解土壤中难以分解的养分，促进栗根生长。菌根的形成和发育与土壤肥力有密切关系，有机质多，土壤 pH 值 5.5~7，充气良好，土壤含水量 20%~50%，土温 13~32℃时菌根形成多、生长也好。

2. 芽

栗芽按性质分为 3 种，即混合花芽（可分为完全混合花芽和不完全混合花芽），叶芽和休眠芽（图 14-1）。

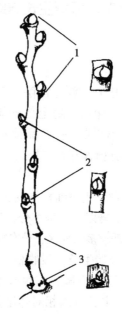

图 14-1　板栗的芽
1. 混合花芽；2. 叶芽；3. 休眠芽

（1）完全混合花芽。着生于枝条顶端及其下 2~3 节，芽体饱满，芽形钝圆，茸毛较少，外层鳞片较大，可包住整个芽体，萌发后抽生结果枝。

（2）不完全混合花芽。着生于完全混合花芽的下部或较弱枝顶及其下部，芽体比完全混合花芽略小，萌发后抽生雄花枝。着生混合花芽的节，不具叶芽，因此，花序脱落后形成盲节，不能抽枝，修剪时，应加注意。

（3）叶芽。幼年树着生在旺盛枝的顶端和其中下部，进入结果期的树，多着生在各类枝的中下部，芽体比不完全混合花芽小，近钝三角形，茸毛较多，外层 2 鳞片较小，不能完全包住内部 2 鳞片，萌发后抽生各类发育枝。

（4）休眠芽。着生在各类枝的基部短缩的节位处，芽体较小，一般不萌发而呈休眠状态，寿命长，当枝干折伤或修剪等刺激则萌发徒长枝，有利于栗树更新复壮。

板栗的叶序有 3 种，即 1/2、1/3、2/5，因此，常使栗树形成三杈枝，四杈枝和平面枝（即鱼刺枝），所以，在修剪时，应注芽的位置和方向，以调节枝向和枝条分布。

3. 枝 条

栗树的枝条可分为发育枝、结果母枝、和结果枝 3 种。

（1）发育枝。由叶芽或休眠芽萌发形成，是形成树体的主要枝条，根据枝条的生长势可分为 3 类。

徒长枝：徒长枝又称娃枝、游杆，一般由树干上的休眠芽受刺激萌发而成，生长旺盛，节间长，组织不充实，芽小，一般长 30cm 以上，有时可达 1～2m，通过合理修剪，是老树更新和缺枝补空的主要枝条。

普通发育枝：发育枝由叶芽萌发而成，生长健壮，是形成树冠骨干枝的基础，发育枝生长与树龄有关，幼树时生长旺盛，顶端 2～3 个芽发育充实，具明显的顶端优势，每年生长量较大，向前延伸较快，使树冠很快扩张，但发枝力弱，中、下部的芽抽枝较少，易于光秃，到结果盛期生长充实，顶端 2～4 个芽形成完全混合花芽，成为结果母枝（又称棒槌码），老树时生长很慢，成为纤细枝，竖年生长甚微或死亡。

细弱枝：鸡爪枝、鱼刺枝，位于各类枝下部，生长量小细弱，易枯死。

（2）结果母枝。抽生结果枝的上年生枝条称为结果母枝，顶芽及其下 2~3 个芽为混合花芽，抽生结果枝，下部芽抽生发育枝，基部的数芽则不萌发，呈休眠状态。随树龄增加，各种枝条的抽生情况也不一样，幼树时，其顶芽皆可抽生结果枝，由顶芽以下各芽依次减弱；结果期的树则除靠近顶芽可以抽生结果枝外，在母枝的中部也可抽生结果枝；而衰老树的母枝抽生的结果枝很不规律，甚至近基部的芽仍有抽生结果枝的可能，因而对老树修剪时应注意这一特性。

结果母枝抽生结果枝的多少与树龄和母枝的强弱有关，结果期的树，母枝抽生结果枝较多，老树则抽生的较少，结果枝越强，抽生的结果枝也越多，因而，促进强壮结果母枝的发生，是丰产稳产的保证。

（3）结果枝。结果母枝上抽生具有雌雄花序的枝条称为结果枝。从下部 2~3 节起向上每节叶腋着生雄花序，顶端几个雄花序基部着生雌花序，开花结果；结果枝多位于树冠外围，一般生长健壮，既能成为结果母枝，又能成为树冠骨干枝，具有扩大树冠和结实的双重作用。弱结果母枝和其顶芽下的芽萌发的枝条，着生雄花序称雄花枝，不能结果。

结果枝上雌雄花的出现及其比例，与栗树年龄和营养有关。雌花的发生与结果枝的强弱关系密切，即果枝越强，雌花越多，结果也好，故在栽培上应促进结果枝的生长。

结果枝上着生花序的各节均无腋芽，不能再生侧枝，成为"空节"，基部各节为休眠芽，只有顶端数芽抽生枝条，从而使结果部位外移，故对于又长又粗的结果枝，应加以适度短截，以降低其发枝部位。

结果枝结果后，翌年能否继续萌发结果枝而结果，往往因品种而异。

二、结果习性

1. 花芽分化

栗树是雌雄同株异花，雌雄花分化期和分化持续时间相差很远，分化速度也不一样。雄花序在新梢生长后期由基部3~4节自下而上即有分化，分化期长而缓慢。雌花序的形成和分化是在冬季休眠后而开始的，分化期短，速度快。

2. 开花、授粉

栗树雄花序为柔荑花序，较雌花序为多。雌花序每一总苞内有雌花3朵，一果枝可连续着生1~5雌花序（图14-2）。

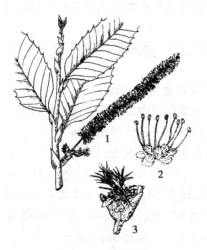

图14-2　板栗的花

1. 雄花序；2. 雄花；3. 雌花

　　栗树发芽后1个月左右进入开花期，雄花和雌花的开放时期不同，雄花序先开放，几天后两性花序开放，花期较长，可持续

20天左右，有的可达30天，雄花开放后8~10天雌花开放。雌花的柱头膨大，自总苞露出，就是开花。柱头露出即有授粉能力，一般可持续一个月，但授粉适期为柱头露出6~26天，最适授粉期为9~13天，同一雌花序边花较中心花晚开10天左右。

板栗是风媒花，栗花味浓郁，雄花花粉量大，且花粉粒小而轻，能成团飞翔，但飞扬力不强，通常花粉散布不超过20m。板栗自然坐果率一般为75%左右，但普遍存在严重的空苞现象，其中，重要的原因之一是授粉不良。栗树自花授粉结实率因品种而异，栗树它交结实和花粉直感现象明显而普遍存在，所以，在栽培时要注意授粉树的配植。配置授粉品种主要考虑以下4个方面：即品种间授粉亲和力、品种雌雄异熟类型、花期雄花高密度花粉散发期与雌花柱头反卷期相遇和花粉质量。雌先型品种与雄先型品种，以相遇型与雌雄异熟型品种可互作授粉品种。

第二节　板栗矮密园的整形修剪技术

1. 矮化密植板栗树常用树形

矮化密植板栗整形应以低干、矮冠为目标，根据品种干性强弱，常用的树形有主干疏层形和自然开心形。

（1）主干疏层形。干高60~80cm，有主枝5~6个，基部主枝3个，与中心干的夹角50°~60°；第二层主枝2~3个，层间距70~90cm，主枝间距20~30cm，每个主枝上着生2个侧枝，第一侧枝与主干距离50~70cm，第一、第二侧枝间距40~50cm。成形后，树高3~3.5cm，冠径3m左右。

（2）自然开心形。干高50~70cm，无中心干，全树3~4个主枝，层内距50~60cm，每主枝上有2个侧枝，第一侧枝距主干50~70cm，第一、第二侧枝间距40~50cm，成形后树高2.5~3m，冠径3m左右。

2. 早果控冠技术

矮化密植板栗幼树阶段修剪的任务除了完成整形，培养好骨干枝外，主要是通过夏季反复摘心，促生分枝，增加结果枝的形成量，以提高早期产量，控制树冠的过快增长。

3. 采用实堂修剪法

合理利用内膛徒长枝。养树结果、更新换头。每年修剪时要及时剪除细弱枝、无用枝、病虫枝、干枯枝和没有利用价值的徒长枝，有利于减少营养消耗、复壮树体长势。冬季以分散与集中修剪相结合；夏季辅以摘心为主的修剪方法。

生长枝修剪：对生长过旺的树去强留中庸，少短截，多疏删，长放中庸枝。对树势较弱，结果母枝数量少，结果部位外移的树要回缩顶端枝。同时，疏去过密枝、下脚枝、病虫枝、细弱枝及徒长枝，但徒长枝在空虚之处有补充必要时，宜留 1/2 长度或 5~10 芽短截，促其分枝形成结果母枝。

结果母枝修剪：树冠外围 15cm 长以下结果母枝应疏除。结果母枝留量一般每平方米树冠投影面积 8~12 个，过多时每个 2 年生枝上可留 2~3 个结果母枝，留一部分作为更新母枝，所留结果母枝按饱满芽所在位置和数量进行修剪，一般留最饱满芽 3~5 个剪截，如最饱满芽位于结果母枝先端，可不剪截。

结果母枝上抽生的新梢留先端 1~2 个结果，其余 20cm 左右摘心，促其形成强壮更新母枝。每个结果枝留 1~2 个栗苞，结果枝结果后回缩到更新母枝处。

第三节　自然开心形板栗整形修剪技术

1. 整形修剪

栗树整形修剪常用方法如下。

（1）定干。栽植后距地面 50~70cm 处剪截，注意剪口下方要留 5~7 个饱满芽。

（2）主枝选留。当年，从剪口下抽生的枝条中选出 3 个长势均衡的枝条作为主枝培养，使枝条以 50°~60°开张，向外斜生。

（3）侧枝培养。第二年从各主枝抽生的健壮分枝中选留 2~3 各作为侧枝，侧枝在主枝上的间距为 50~80cm，并左右错开，夏季反复摘心，促生分枝，增加枝量（图 14-3）。

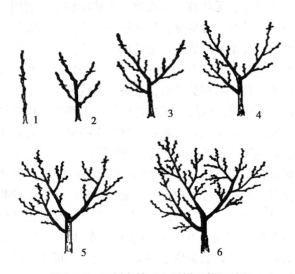

图 14-3　栗树自然开心形树形整形过程

2. 结果树修剪

视树势不同采用分散与集中修剪法，集中修剪法是在弱树弱枝上，通过疏间和回缩，使养分集中，分散修剪法是在强树强枝上多留枝，使养分分散。

（1）结果母枝的修剪。强结果母枝尾枝上有 5~6 个完全混合花芽；应轻剪，保留 2~3 个结果枝，中壮结果母枝尾枝上有 3~4 个完全混合花芽，保留 1~2 个结果枝，过密重叠时，则疏剪较弱的枝，衰弱的结果母枝应回缩，在下面培养新的结果母枝代替。弱结果母枝附件的细弱枝及早疏除，使养分集中供应母枝，使其转弱为强。

（2）雄花枝的修剪。10cm以上雄花枝留基部2芽短截，不超过10cm或顶芽饱满的短粗雄花枝，翌年可抽结果枝，可不剪。

（3）营养枝修剪。30cm以上的营养枝，于基部留2芽短截，促生新的结果母枝；长度在20cm以下的健壮营养枝可甩放不剪。

（4）结果枝的修剪。尾枝健壮，芽体充实饱满，按上述处理结果母枝方法处理，尾枝细弱，芽体不饱满，可按营养枝的方法剪截。

（5）促长枝的控制和利用。长度30cm以上的强旺促长枝，应先于夏季摘心，冬季短截，促发分枝，翌年去强留弱，去直留斜；对于弱树主枝基部发生的徒长枝，应保留作更新枝。

3. 衰老树修剪

衰老树修剪主要是更新。对衰弱大枝采用留桩更新，回缩至基部留8~10cm，刺激隐芽萌发形成新枝，每年更新1/3左右骨干枝。更新后，2~3年内参照幼树的修剪法。

第十五章　猕猴桃

第一节　生长习性

一、生长习性

猕猴桃和葡萄一样都是藤本植物。葡萄靠卷须攀缘其他物体，而猕猴桃则靠自身枝蔓缠绕其他物体向上生长。

1. 根

为肉质根，含水量高，皮层厚，有韧性，不易折断。实生苗主根不发达，侧根和细根多而密集。当苗出现 2~3 片真叶时，主根就停止生长。随着树龄增长，侧根向四周扩展，形成类似簇生状的侧根群，呈须根状根系。须根特别发达而密。猕猴桃由于根系发达，因此，适应性强，生长旺盛（图 15-1）。

2. 枝蔓

猕猴桃的枝条属蔓性，有逆时针旋转的缠绕性，在生长前期，强旺枝、发育枝以及各种短枝均能挺直生长；到了后期，除中、短枝外，其他枝都靠缠绕上升（图 15-2）。

枝蔓按其主要功能可分为结果母蔓、结果蔓、生长蔓三类。

（1）结果母蔓。一年生蔓充实饱满形成混合芽的叫结果母蔓，其基部芽发育不良，一般不萌发，从 3~7 节开始抽生结果蔓，结果蔓约占其所萌发枝条的 2/3 左右。

（2）结果蔓。从基部 2~3 节开始着果，一个结果蔓一般着

图 15-1　猕猴桃根系

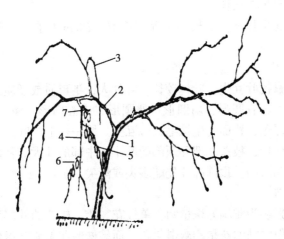

图 15-2　猕猴桃枝蔓

1. 主蔓；2. 侧蔓；3. 营养枝；4. 结果母枝；
5. 长果枝；6. 中果枝；7. 短果枝

果 3~5 个。根据枝蔓长短，可分为以下几种。

徒长性果蔓：长 130cm 左右，多为结果母蔓上部芽萌发的枝条，当年能结少量果实，并可成为下年的结果母蔓。

长果蔓：长 20~30cm，发生在结果母蔓的中部，从顶芽或其下 2~3 芽处发生枝蔓。

中果蔓：长 10~20cm，发生在结果母蔓的下部，节间较短，从顶芽或其下 2~3 芽处发生枝蔓。

短果蔓：长 5~10cm，发生在结果母蔓的下部，节间较短，从顶芽处发生枝蔓。

短缩果蔓：长 1~5cm，易枯死。

（3）生长蔓。根据枝条生长势可分为如下几种。

徒长蔓：常自主蔓或侧蔓基部隐芽或枝蔓优势部位发生，生长旺，常直立生长，有的长达 7m，节间较长，组织不充实，上部有时分生 2 次枝。

普通生长蔓：生长势中等，长 10~30cm 左右，能形成良好的结果母蔓。

3. 叶

猕猴桃叶互生，叶柄较长，叶片大，半革质或纸质。多数为心脏形，还有圆形、扁圆形、卵圆形或广椭圆形。嫩叶黄绿色，老叶暗绿色，背面密生绒毛，叶互生。同一枝上，叶的大小依着生节位而异，枝条基部和顶部的叶小，中部的叶大。基部叶片的先端多圆或凹，顶部叶片先端多尖或渐尖。

4. 花

猕猴桃为雌雄异株植物，单性花。雌、雄花的外部形态非常相似，但雌株的花是雄蕊退化花，而雄株的花是雌蕊退化花。雌花从结果枝基部叶腋开始着生，花蕾大；雄花从花枝基部无叶节开始着生，花蕾小。雌性植株的花多数为单生，雄性植株的花多呈聚伞花序，每一花序中花朵的数量在种间及品种间均有差异。

5. 果实

猕猴桃的果实为浆果，由上位的多心皮子房发育而成，可食部分为果皮和果心（胎座）（图15-3）。浆果的形状、大小、果皮颜色、果肉颜色，因种、品种不同而有很大差异。

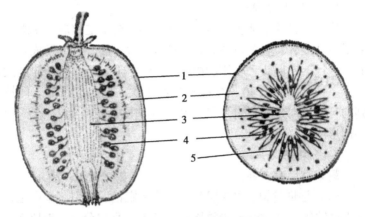

图15-3　中华猕猴桃果实剖面示意图

1. 外果皮（心皮外壁）；2. 中果皮；3. 中轴胎座；4. 种子；5. 内果皮（心皮内壁）

管理良好的果园，猕猴桃坐果率可达90%以上，且没有明显的生理落果，花后适宜浓度的生长素和激动素处理果实105～115天，还可实现单性结实，产生无子果。

第二节　猕猴桃整形修剪技术

猕猴桃幼树生长迅速，要及时整枝和引导，否则，相互纠缠，不便管理，影响产品质量。整形修剪措施有：拉枝蔓、绑蔓、抹芽、摘心、剪梢、打顶、疏枝蔓、短截、扭梢等。

一、整形

猕猴桃园常采用的树形有："T"形架、篱架、大棚架、简易三角架等。

1. "T"形架整枝法

该法是目前平地生产园中首选树形。苗木定植后，用绳牵引茎干单轴上升，到1~1.5m后，进行2次重摘心，促发成4个分叉。4个分叉上架后分别沿中间两道铁丝向2个方向延伸成主枝蔓。主枝蔓每伸长40~50cm重摘心1次，促发侧枝蔓。侧枝蔓则向行间斜向延伸，自然搭缚在外缘铁丝上，至此，"T"形骨架即形成。

2. 篱架整枝法

篱架整形有2种。

（1）层形篱架。以3层为宜。苗木定植后牵引茎干向上，于最下层铁丝下20~30cm处重摘心1~2次，促发分枝，选留2个强旺枝蔓分别沿铁丝向正反2个方向延伸作为第一层主枝蔓，最弱的一个继续向上。同种方法进行第二、第三层整形（图15-4）。

图15-4 层形篱架整形

（2）扇形篱架。苗木定植后，在离地面上20~30cm处多次摘心，促发 5~7 个丛生枝蔓，按强枝蔓在外，弱枝蔓在内，外边的开张角度大，靠内的开张角度小的原则，使其 5~7 个丛枝蔓均匀地分布在架面上（图 15-5）。

图 15-5　扇形篱架整形

3. 大棚架整枝法

定植后牵引茎干单轴上架，至架面下约 0.5m 处开始多次摘心，促生 8 条主蔓，主枝蔓上架后按"米"字形向四面八方均匀分布，各枝生长约 1m 长时，开始按每 0.4m 左右摘心 1 次，促发分枝，培养结果母枝蔓组。

二、修剪

猕猴桃生长势强，无论采用棚架或篱架整形，都必须在冬季和生长季节进行修剪，以控制枝蔓生长。

据观察，不修剪的植株结果部位外移，有隔年结果现象，而且由于枝蔓过密且紊乱，光照不足，下部枝条生长衰弱，以至枯死，果实发育不良，风味也差。

猕猴桃是由上一年形成的结果母枝的中、上部抽生结果枝，通常在结果枝的第 2~6 节叶腋开花坐果。结果部位的叶腋间没有芽而成为盲节，结果部位以上有芽，次年能萌发成枝。进入结果年龄后，容易形成花芽，除基部老蔓上抽生的徒长枝外，几乎所有新梢都可成为结果母枝。

1. 夏季修剪

夏季修剪主要剪除徒长枝，并对过长的营养枝或徒长性结果枝进行短截。当新蔓长到 5~8cm 时，便要疏去直立向上生长的徒长枝。主枝上产生的结果枝，随着叶子和果实的增大，重量也不断增加，如采用篱架整枝往往会使枝条逐渐弯向地面，所以，应在离地面 50cm 处短截。侧枝上抽生的水平伸展的枝条，应适当疏剪或短截，避免过分茂密荫闭。结果枝应从结果部位以上 7~8 个芽的地方剪断。如剪口下 1~2 芽又萌发副梢时，为了防止徒长，仍须将副梢从基部剪断。

2. 冬季修剪

冬季修剪主要对开始衰老的大枝和结果枝进行更新或短截，促使第二年萌生健壮的新梢。修剪的时期在果实采收后至树液流动前。短截时应在剪口芽以上留 3cm 长的残桩，以防剪口芽枯死。

修剪时，首先应使生长充实的结果母枝分布均匀，形成良好的结果体系，将多余的结果母枝从基部疏去。对留下的结果母枝，通常剪去 1/3。衰弱的枝条疏去以后，老蔓上还会长出新蔓，这种新蔓多为徒长枝，通常在第一年不结果，第二年或有少数结果，第三年几乎都能产生结果枝。当结果枝充作结果母枝时，应在结果部位以上留 2 个芽，这 2 个芽能在春天发育成结果枝。一般连续结果 2 年以上的枝组都要更新。为了保持来年有一定量的结果枝，可酌情保留一部分枝组。

对徒长枝，若留做更新枝时，一般剪留 5~6 个芽，其余的徒长枝应从基部疏去。徒长性结果枝，一般在结果部位以上留 3~4 个芽；长果枝和中果枝保留 2~3 个芽；短果枝及短缩果枝容易衰老干枯，在连续结果后可全部剪除。

第十六章 石 榴

第一节 石榴生长发育特点

石榴为落叶性灌木或小乔木，幼树根系、枝条生长旺盛，枝条较直立，根际萌蘖枝条多，易形成丛状。随着树龄的增长，枝条逐渐开张，树冠不断扩大。从定植到开花结果，营养繁殖的苗木在 3 年左右，实生苗繁殖一般在 5～10 年。结果寿命可维持 50 年。

1. 根系

石榴的根系依其来源与结构，具有 3 种类型：茎源根系、根蘖根系、实生根系。分别为扦插、分株、种子繁殖所形成，根系中骨干根寿命很长，须根的数量多，寿命较短，容易再生，石榴根系水平分布集中在主干周围 4～5m 处的范围内，吸收根则主要分布在树冠外围 20～60cm 深的土层中。石榴的根系生长对温度的反应很敏感。开始生长早于地上部分 15～20 天，当地上部分大量形成叶片后即进入旺盛时期。石榴的根系具有较强的再生能力，石榴根系生长的这一特征，我们在移栽苗木和扦插时应加以注意，以便更好地维护根系生长。

2. 枝、芽

石榴的芽可分为叶芽、花芽和隐芽。叶芽位于枝条的中下部，扁平、廋小，呈三角形。花芽为混合花芽，生于枝顶，单生或多生。萌发后，抽生一段新梢，在新梢先端或先端下一节开花，石榴的花芽大、饱满。隐芽是不能按时萌发的芽。隐芽的寿命可高达几十年，如遇刺激才能萌发，隐芽可用于老树更新。

石榴的枝根据功能分为结果枝，结果母枝，营养枝，针枝、徒长枝等。依据枝的生长分为叶丛枝、短枝、中枝和长枝。

（1）叶丛枝。长度在 2cm 以下，只有 1 个顶芽。

（2）短枝。长度 2~7cm，节间较短。

（3）中枝。长度 7~15cm。

（4）长枝。长度在 15cm 以上，多数为营养枝。短枝、中枝当年易转化为结果母枝。

石榴的一般枝条在一年中往往只有一个生长高峰，即从发芽到花期结束为止。徒长枝除了这一高峰外，还有一个不明显的波峰，这一波峰发生在雨季，到 9 月中旬就趋于停止。徒长枝有的当年生长量可在 1m 以上，不仅能抽出 2 次枝，还能抽出 3 次枝，而生长较弱的枝芽，往往当年只长 3~4cm，其上叶片簇生，翌年易形成花芽。

3. 开花与结果

石榴树的结果方式是结果母枝上抽生结果枝而结果。结果母枝多为粗壮的短枝，或发育充分的 2 次枝。翌年春季其顶芽或腋芽抽生长 6~20cm 的短小新梢，在新梢上形成 1 至数朵小花。一般顶生花芽容易座果，凡座果者顶端停止生长（腋花芽除外）。

石榴的花为两性花，以一朵或数朵着生（多的可达 9 朵）在当年新梢顶端及顶端以下腋间。石榴的花根据发育情况分为完全花和不完全花（中间花）。完全花的子房发达上下等粗，腰部略细，呈筒状，又名"筒状花"，这种花的雌蕊高于雄蕊，发育健全，是结果的主要来源。不完成花子房不发育，外形上大下小，呈钟状，又称"钟状花"。这种花胚珠发育不完全，雌蕊发育不完全或完全退化，因而不能坐果，还有中间花，雌蕊和雄蕊高度相平或略低，呈筒状。石榴从现蕾到开花一般需要 10~15 天；

从开放到落花一般需要 4~6 天。其时间的长短与气温有很大的关系，气温高所需时间短，反之则长。石榴的花蕾形成是不一致的，所以，花的开放期也是错落不齐，造成了花期长，一般长达 2 个月以上。正常花在受精后，花瓣脱落，子房膨大，并且子房的皮色，也逐渐由红转变为青绿色，见下图所示。

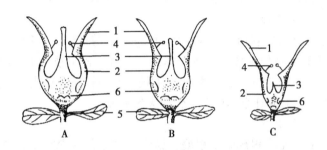

图　石榴不同类型花的纵剖面

A 正常（果）花；B 中间型花；C 退化型花

1. 萼片；2. 萼筒；3. 雌蕊；4. 雄蕊；5. 托叶；6. 心皮

石榴的落果一般有 2 个高峰，第一个高峰在花期基本结束后 7 天左右。另一个高峰在采收前 1 个半月左右。石榴的落蕾、落花、落果比较严重，主要受外界不良环境条件的影响。如果光照不足，雨水过大，病虫害严重，落蕾、落花、落果就会加重。

果实发育分为幼果期、硬核期、转色成熟期 3 个主要时期。在河南，石榴自开花坐果后，幼果从 5 月下旬至 6 月下旬出现 1 次迅速生长；6 月下旬至 7 月底为缓慢生长期；8 月上旬为硬核期，8 月下旬至 9 月上旬为转色期，此期又有一次旺盛生长。果实增长快慢与雨水有关，干旱时生长缓慢，雨后生长迅速。

石榴从开花到果实成熟一般需要 120~140 天。

第二节　石榴主要树形以及整形修剪技术

一、主要树形

石榴有单干和多主干2种树形，均是自然半圆形。

1. 单干形

石榴苗木栽植后，在离地面80cm处剪截定干，第二年发枝后留3~4枝作主枝，其余剪掉，冬季再将各主枝留1/3~1/2剪顶，每主枝上选留2~3枝作副主枝，其余枝条也剪去。经过2~3年后，形成开心形树形，骨架大致完成。

2. 多干形

石榴常在根部萌生根蘖，第一年在基部萌蘖中选留2~3个作主干，其他根蘖全部去掉。以后在每个主干上留存3~4个主枝，向四周扩展，即可形成一个多主枝自然圆头形。

石榴的修剪，主要是疏剪。首先去除基部根蘖，再疏去冠内的直立枝，竞争枝，徒长枝，横生枝，枯死枝，开张主枝角度，各主枝生长保持平衡。

二、不同时期修剪技术

1. 初结果树的修剪

以轻剪、疏枝为主，冬剪时，对两侧发生的位置适宜、长势健壮的营养枝，培养成结果枝组。对影响骨干枝生长的直立性徒长枝、萌蘖枝采用疏除、拧伤、拉枝、下别等措施，改造成大中型结果枝组。长势中庸、2次枝较多的营养枝缓放不剪，促其成花结果；长势中庸、枝条细瘦的多年生枝要轻度短截回缩复壮。

2. 盛果期树的修剪

（1）骨干枝修剪。衰弱的侧枝回缩到较强的分枝处，角度

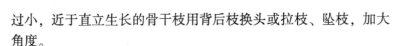

过小，近于直立生长的骨干枝用背后枝换头或拉枝、坠枝，加大角度。

（2）结果枝组修剪。轮换更新复壮枝组，回缩过长、结果能力下降的枝组；利用萌蘖枝，培养成新的枝组。

（3）疏除干枯、病虫枝、无结果能力的细弱枝及剪、锯口附近的萌蘖枝，对树冠外围、上部过多的强枝、徒长枝可适当疏除，或拉平、压低甩放，使生长势缓和。

3. 衰老树的修剪

（1）缩剪更新。对衰老的主侧枝进行缩剪，选留 2~3 个旺盛的萌枝或主干上发出的徒长枝，逐步培养为新的主侧枝，继续扩展树冠。

（2）利用内膛的徒长枝长放，少量短截，培养枝组。

第十七章　核　桃

第一节　核桃生长结果习性

核桃为高大乔木，实生树高一般为 10~25m，密植条件下树高控制在 5~6m。实生繁殖树 6~8 年开始结果，15~20 年进入盛果期，密植园和早实丰产品种，栽后 2~3 年始果，6~8 年进入盛果期。核桃树寿命长，达 40 年以上。

1. 根系

（1）分布。核桃为深根性果树，根系较发达。成年树主根深可达 6m，但大量根群主要集中在 20~60cm 的土层中。水平根可达树冠冠幅的 3~4 倍，集中分布在以树干为中心、半径约 4m 的范围内。核桃具有菌根，集中分布在 5~30cm 的土层中，土壤含水量在 40%~50% 时，菌根发育好。

（2）核桃的 1~2 年生实生苗。其地下部生长比地上部快，3~4 年后，垂直根生长开始变慢，地上部生长加快，侧根数量增加，向土壤四周扩散，地上部开始形成骨干枝。

（3）核桃根系开始活动期与芽萌动期相同。3 月底至 4 月初出现新根，6 月中旬至 7 月上旬、9 月中旬至 10 月中旬出现两次生长高峰，11 月下旬停止生长。

2. 芽

核桃的芽根据其形态、结构和发育特点，分为雌花芽、雄花芽、叶芽和潜伏芽 4 种（图 17-1）。

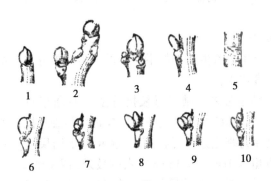

图 17-1　核桃芽的类型

1. 真顶芽；2. 假顶芽；3. 雌花芽；4. 雄花芽；5. 潜伏芽

（1）雌花芽（混合芽）。芽体大而饱满、鳞片（5~7 片）紧抱、芽顶圆钝呈球形。多为单芽、少数年为复芽。早实品种的顶芽和侧芽多为雌花芽，一般 2~5 个，多者可达 20 个以上。晚实品种多着生在 1 年生枝的顶端及其下 1~3 芽。雌花芽萌发后抽生结果枝，结果枝顶端着生总状花序而开花结果。

（2）雄花芽。为裸芽，圆锥形或塔形。着生在顶芽以下 2~10 节，单生或与叶芽叠生。萌发后抽生花序开花，花后脱落。

（3）叶芽。叶芽有 2 种形态：着生于生长枝（发育枝）顶端或上部的芽芽体较大，鳞片较松、呈圆锥形；着生于叶腋间的芽体小，鳞片紧抱、呈圆球形。萌发后只抽枝、不开花。着生在枝条顶端或上部较大的叶芽萌发后，在良好的营养条件下可发育成结果母枝；着生在枝条中下部的芽，有的自行干枯脱落形成光秃带；下部的不萌发成为潜伏芽。所以，核桃树冠稀疏，层次明显。

（4）潜伏芽。多着生在枝条的基部或近基部，芽体扁圆瘦小。寿命很长，可达几十年甚至上百年，随枝干的加粗被埋于树皮中。树体受到刺激后可萌发成徒长枝，所以，老树更新较容易。

3. 枝条

根据枝条上着生芽类的不同，可分为结果母枝、结果枝、雄花枝和发育枝4种。

（1）结果母枝。结果母枝指着生有混合芽的一年生枝。主要由当年生长健壮的营养枝和结果枝转化而成。枝条顶端及以下1~3个侧芽为雌花芽（混合芽），次年抽生结果枝。一般长20~25cm，以粗度1cm、长15cm左右的枝条结果最好。

（2）结果枝。由结果母枝上的雌花芽萌发而成，顶端着生雌花序结果。早实品种当年形成的混合芽，当年可萌发并2次开花结果（图17-2）。

图 17-2　核桃的结果枝类型

1. 长果枝；2. 中果枝；3. 短果枝；4. 雄花枝

（3）雄花枝。雄花枝指顶芽是叶芽、侧芽为雄花芽的枝条。

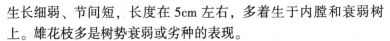

生长细弱、节间短，长度在 5cm 左右，多着生于内膛和衰弱树上。雄花枝多是树势衰弱或劣种的表现。

（4）发育枝（营养枝）。长度在 50cm 以下，不着生雌花芽，不开花结果的枝条。多着生于树冠外围，生长健壮，是扩大树冠和着生结果母枝的基础；着生在树冠内膛的生长健壮的发育枝，当年可形成花芽，次年可抽生结果枝开花结果。生长细弱者，不能开花结果，可短截或夏季摘心，培养成结果母枝。

此外、在树冠内膛由潜伏芽萌发的长度在 50cm 以上的枝条为徒长枝。其生长健壮，但组织不充实，可短截或摘心培养结果母枝，以充实内膛。

早春当日均温稳定在 9℃ 左右时核桃开始萌芽，萌芽后半个月枝条生长量可达全年的 57% 左右，6 月初多数年春梢停止生长。幼旺树和壮梢有 2 次生长，于 6 月上中旬开始，7 月进入生长高峰，有的可延续到 8 月中旬。核桃的背下枝生长偏旺，需及时控制。

第二节　核桃树整形修剪技术

一、修剪时期

休眠期间，核桃树有伤流现象，其修剪时期以秋季为宜，有利于伤口愈合。幼树可从 8 月下旬开始，成年树在采果后的 9 月至 10 月中旬，叶片尚未变黄之前进行。

二、幼树整形

核桃树干性强，顶端优势明显。密度大或早实、干性差的品种多采用开心形整形：全树 3~5 个主枝，每个主枝选留 4~6 个侧枝。密度小或晚实、干性强的品种多采用主干疏层形。其整形方法为：干高 50~70cm，定植当年不作任何修剪，只将主干扶直，并保护好顶芽。待春季萌芽后，顶芽向上直立生长，作为中心干培养，顶芽下部的侧芽将萌发 5~6 个侧枝，选分布均匀生长旺盛的 3~4 个侧枝作为第一层主枝，其余新梢全部抹去。第二年按同样的方法培养第二层主枝，保留 2~3 个主枝（与第一层主枝的层间距为 60~80cm），第三年选第三层主枝，保留 1~2 个主枝，与第二层相距 50~70cm。1~4 年生主枝不用修剪，可自然分生侧枝，扩大树冠。一般 5~6 年成形，成形时树高 4~5m。

三、结果树修剪

1. 结果树修剪

（1）下垂枝的修剪。核桃进入结果期后，枝条生长有下垂现象，下垂枝会影响向上枝的生长。应根据具体情况加以处理：如树势衰弱、下垂枝多，应适当回缩或疏除；树势健壮且下垂枝生长超过上枝应疏除；如上枝生长较弱，但下垂枝已形成结果母枝时，要保留下垂枝，但要适当重回缩，以削弱其生长势，结果后逐步疏除。

（2）结果枝组的培养和修剪。培养枝组可采用"先放后缩"和"去背后枝，留斜生枝与背上枝"的修剪方法。对已经结果多年的枝组要注意更新复壮；对小枝组，要去弱留强、去老留新；对大、中型结果枝组在保证结果的同时，要在其后部选留预备枝，以便及时回缩和更新。同时，要疏除冠内过密枝、细弱枝、重叠枝等。

2. 结果初期和盛果期修剪

核桃进入结果初期，树冠仍在继续扩大，结果部位不断增加，易出现生长与结果的矛盾，保证高产稳产是这一时期修剪的主要任务。修剪上，应注意利用好辅养枝和徒长枝，培养良好的枝组，及时处理背后枝与下垂枝。

进入盛果期后，更应加强结果枝组的培养和复壮。培养枝组可采用"先放后缩"和"去背后枝，留斜生枝与背上枝"的修剪方法。徒长枝在结果初期一般不留，以免扰乱树形，在盛果期可转变为枝组利用，背上枝要及时控制，以免影响骨干枝和结果母枝。下垂枝多不充实，结果能力差，消耗养分，应迟早处理。

3.衰老树修剪

主要任务是对老弱枝进行重回缩，同时，要充分利用新发枝更新复壮树冠，并及早整形，防止树冠郁闭早衰。结合修剪，彻底清除病虫枝。

附录　果树整形修剪常见问题及解答

1. 果树为什么要整形修剪？

自然生长的果树，树冠郁闭，枝条密生，交叉、重叠，内膛空虚，树势衰弱；光照和通风不良，病虫严重；产量不高，易出现大小年结果现象，果实品质低劣；不便于果实采收、疏花疏果和病虫害防治。通过合理整形修剪，幼树可以加速扩展树冠，增加枝量，提前结果，早期丰产，并培养能够合理利用光能、负担高额产量和获得优良品质果实的树体结构；盛果期通过形修剪，可使树体发育正常，维持良好的树体结构，生长和结果关系基本平衡，实现连年高产，并且尽可能延长盛果期年限；衰老树通过更新修剪，可使老树复壮，维持一定的产量。

通过整形修剪，可培养成结构良好、骨架牢固、大小整齐的树冠，并能符合栽培距离的要求。合理修剪可使新梢生长健壮，营养枝和结果枝搭配适当，不同类型、不同长度的枝条能保持一定的比例，并使结果枝分布合理，连年形成健壮新梢和足够的花芽，产量高而稳定。合理修剪能使果树通风透光，果实品质优良、大小均匀、色泽鲜艳。

整表修剪是果树栽培技术中一项重要的措施，但必须在良好的土、肥、水等综合管理的基础上，才能充分整形修剪的作用；而且必须根据树种、品种、环境条件和栽培管理水平，灵活运用整形修剪技术，其作用才能发挥出来。

2. 整形修剪对果树有何影响？

整形修剪可以调节果树与环境的关系；调节器官形成的数

量、质量；调节养分的吸收、运转和分配；从而调节果树生长与结果的关系。

正确的整形修剪，能改善树体内部的光照条件，提高幼树叶面积系数，使成龄树叶片成层分布；形成良好的叶幕结构，充分利用光能；并且可以调整果树个体结构和群体结构之间的关系，改善果园通风透光条件，更有效地利用空间。

修剪可以调节树体各部分、各器官之间的平衡关系。一方面，由于修剪，在不减少根系，不减少吸收量的前提下，使树冠的枝梢有所减少，因而，能促进留下来的枝梢的生长，提高光合效率；另一方面，由于修剪使叶面积减少，总生长量减少，光合产物和供给根系的养分也会相应减少，会使根生长受到抑制，反过来又影响地上部的生长。因此，修剪在总体上是有抑制作用的，刺激生长的作用只能表现在局部，这表现了修剪对果树地上部和地下部动态平衡关系的调节作用。可以通过修剪来调节营养生长和生殖生长的关系，使这两类器官保持相对的平衡，以达到稳产、高产的目的。合理修剪能使年年有一定的生长，形成足够的花芽，结出一定数量的果实。花芽少时，修剪上要尽量保留花芽，缓和营养生长势，促使由营养生长转向生殖生长；花芽多时，要进行疏花疏果，减少结果量，并进行短截回缩，促进营养生长；同时，可以利用果树各器官、各部分的相对独立性，使一部分枝梢生长、一部分枝梢结果，每年交替，相互转化，使营养生长和生殖生长达到相对平衡。

果树的同类器官也存在着矛盾并互相竞争，需要通过修剪加以调整。对枝条，要保持其一定数量，同时要使长、中、短枝保持一定的比例。长枝过多时，生长期长，用于生长消耗的营养物质过多，积累不够，影响短枝生长和花芽分化；长枝过少时，总的营养生长势变弱，也不利于营养物质的生产和积累，不利于生长和结果。对短枝，首先应保持优良短枝的数量，同时，疏除质量过差的短枝，使一般短枝向优良短枝转化。

修剪作用的实质是通过调节果树与环境的关系，保持各器官的数量与质量，调节果树对养分的吸收、营养物质的制造、分配和利用等，从而解决果树生长与结果的矛盾，达到连年丰产的目的。因此，修剪必须符合果树本身的生长结果习性，并在良好的土、肥、水管理基础上进行。

3. 整形修剪应遵循哪些基本原则？

整形修剪的基本原则是："因树修剪，随枝作形""统筹兼顾，长短结合""以轻为主，轻重结合"。

"因树修剪，随枝作形"，是在整形时既要有树形要求，又要根据不同单株的不同情况灵活掌握，随枝就势，因势利导，诱导成形；做到有形不死，活而不乱。对于某一树形的要求，着重掌握树体高度、树冠大小、总的骨干枝数量、分布与从属关系、枝类的比例等等。不同单株的修剪不必强求一致，避免死搬硬套、机械作形，修剪过重势必抑制生长、延迟结果。

"统筹兼顾，长短结合"，是指结果与长树要兼顾，对整形要从长计议，不要急于求成，既有长计划，又要短安排。幼树既要整好形，又要有利于早结果，做到生长结果两不误。如果只强调整形、忽视早结果，不利于经济效益的提高，也不利于缓和树势。如果片面强调早丰产、多结果，会造成树体结构不良、骨架不牢，不利于以后产量的提高。盛果期也要兼顾生长和结果，要在高产稳产的基础上，加强营养生长，延长盛果期，并注意改善果实的品质。

"以轻为主，轻重结合"，是指尽可能减轻修剪量，减少修剪对果树整体的抑制作用。尤其是幼树，适当轻剪、多留枝，有利于长树、扩大树冠、缓和树势，以达到早结果、早丰产的目的。修剪量过轻时，势必减少分枝和长枝数量，不利于整形；为了建造骨架，必须按整形要求对各级骨干枝进行修剪，以助其长势和控制结果，也只有这样才能培养牢固的骨架并培养出各类枝组。对辅养枝要轻剪长放，促使其多形成花芽并提早结果。应该指出，轻剪必须在一定的生长势基础上进行。1~2年生幼树，要在促其发生足够数量的强旺枝条的前提下，才能轻剪缓放；只有这样的轻剪长放，才能发生大量枝条，达到增加枝量的目的。树势过弱、长枝数量很少时的轻剪缓放，不仅影响骨干枝的培养，而且枝条数量不会迅速增加，也影响早结果。因此，定植后1~2年多短截、促发长枝，为轻剪缓放创造条件，便成为早结果的关键措施。

4. 整形修剪的依据是什么？

整形修剪应以果树的树种和品种特性、树龄和长势、修剪反应、自然条件和栽培管理水平等基本因素为依据，以进行有针对性的整形修剪。

果树的不同种类和品种，其生物学特性差异很大，在萌芽抽枝、分枝角度、枝条硬度、结果枝类型、花芽形成难易、坐果率高低等方面都不相同。因此，应根据树种、品种特性，采取不同的整形修剪方法，做到因树种、品种修剪。

同一果树不同的年龄时期，其生长和结果的表现有很大差异。幼树一般长势旺，长枝比例高，不易形成花芽，结果很少；这时要在整形的基础上，轻剪多留枝，促其迅速扩大树冠，增加枝量。枝量达到一定程度时，要促使枝类比例朝着有利于结果的方向转化，即所谓枝类转换，以便促进花芽形成，及早进入结果期。随着大量结果，长势渐缓，逐渐趋于中庸，中、短枝比例逐渐增多，容易形成花芽，这是一生中结果最多的时期。这时，要注意枝条交替结果，以保证连年形成花芽；要搞好疏花疏果并改善内膛光照条件，以提高果实的质量；要尽可能保持中庸树势，延长结果年限。盛果期以后，果树生长缓慢，内膛枝条减少，结果部位外移，产量和质量下降，表明果树已进入衰老期。这时，要及时采取局部更新的修剪措施，抑前促后，减少外围新梢，改善内膛光照，并利用内膛较长枝更新；在树势严重衰弱时，更新的部位应该更低、程度应该更重。

不同树种、品种及不同枝条类型的修剪反应，是合理修剪的重要依据，也是评价修剪好坏的重要标准。修剪反应多表现在2个方面：一是局部反应，如剪口下萌芽、抽枝。结果和形成花芽的情况；二是整体反应，如总生长量、新梢长度与充实程度、花芽形成总量、树冠枝条密度和分枝角度等。

自然条件和管理水平对果树生长发育有很大影响，应区别情况，采用适当的树形和修剪方法。土壤瘠薄的出地和肥水不足的果园，树势弱、植株矮小，宜采用小冠、矮干的树形，修剪稍重，短截量较多而疏间较少，并注意复壮树势。相反，土壤肥沃、肥水充足的果园，果树生长旺盛、枝量多、树冠大、定干可稍高、树冠可稍大，后期可落头开心，修剪要轻，要多结果，采用"以果压冠"措施控制树势。

此外，栽植方式与密度不同，整形修剪也应有所变化。例如，密植园树冠要小，树体要矮，骨干枝要少。

5. 什么叫树冠？什么叫骨干枝？

果树的地上部分包括主干和树冠两部分。从根茎到第一主枝（或第一个分枝）的部分称主干。主干以上的部分叫树冠。从树体结构上分，树冠主要由骨干枝和辅养枝组成。

构成树冠骨架的永久性大枝称骨干枝，包括中心干、主枝和侧枝三部分。

由主干向上直立延伸，位于树冠中心位置的永久性大枝叫中心干，过去叫中央领导干或中心领导干；密植树中心干较小，类似一个大主枝，且处于中心位置，因此，有人把它称为中心主枝。变则主干形的中心干，是通过修剪措施使其变直立向上为弯曲延伸的。

直接着生在中心干上的永久性大枝，称为主枝。着生在主枝上的永久性大枝，称为侧枝。

在骨干枝和辅养枝上着生许多枝条，按其性质可区分为营养枝与结果枝。营养枝着生叶芽，抽生新梢，不断扩大树冠并形结果枝或结果枝组。

主干、骨干枝、辅养枝以及着生在骨干枝和辅养枝上的营养枝、结果枝（结果母枝或结果枝组），共同构成果树的树体结构。

6. 什么叫辅养枝？有何作用？

着生在中心干的层间和主枝上侧枝之间的大枝为辅养枝。辅养枝的作用是辅养树体，均衡树势，促进结果。在主、侧枝因病虫为害或意外损伤而不能恢复时，可利用着生位置较好的辅养枝按主、侧枝要求加以培养，以代替原主、侧枝。辅养枝分短期辅养枝和长期辅养枝两类。

短期辅养枝在主侧枝末占满空间时，用它暂时补充空间，增加结果部位，辅助主侧枝生长。幼龄树的结果部位主要在辅养枝上，所以辅养枝利用是否得当，直接影响幼树的产量。短期辅养枝占据空间较小。年限短，它的主要任务是促进整体的生长势和早结果，不扩展延伸。

长期辅养枝处于骨干枝稀疏并有发展空间的部位。占据空间大，着生年限长，未果时能辅养生长，加速树冠扩大；结果后既靠它结果又靠它辅助生长，有时还可代替原有的主侧枝。

7. 果树的干性和层性与整形修剪有什么关系？

"干性"是指果树自身形成中心干和维持中心干生长势的强弱的能力。自身形成中心干能力强，中心干生长优势容易维持的，称为"干性较强"；反之，自身形成中心干能力弱，中心干生长优势又不易维持的，则称为"干性较弱"。干性的强弱因果树种类和品种不同而异，例如，苹果和梨的干，性较强，桃和李的干性较弱。不同品种的苹果树比较，金冠、国光的干性较强，青香蕉的干性较弱。整形时，对干性较强的树种、品种，应采用具有中心干的树形；而对那些干性较弱的树种、品种多采用开心树形。修剪时，要注意控制干性较强的树种、品种树冠上部的生长势力，及时控制竞争枝，防止出现"上强下弱"现象。对于干性较弱的品种，要注意基部留枝量不可过多，并且开张其角度，控制基部骨干枝的生长势，避免影响中心干的生长势，防止"下强上弱"的现象发生。对开心形树形，应注意局部更新和培养结果枝组，避免早衰。

"层性"是枝条在树冠中自然分层的能力。分层明显的称为"层性强"，分层不明显的称为"层性弱"。层性与树种。品种成枝力有关，成枝力强的层性亦强。乔木树种、幼树期间，层性明显；进入盛果期以后，层性减弱。对于层性强的树种、品种，宜采用主干疏层形整形，不使层间距过大；而层性较弱的树种、品种，则宜采用开心形整形。层性较弱而又采用主干疏层形整形时，要注意控制层间的辅养枝不可过多、过大，维持较大的叶幕间距，控制叶幕厚度，以利通风透光。密植果园，由于树冠直径减小，冠内透光较好，骨干枝不必强调分层，如柱形、纺锤形树冠，其骨干枝插空排开即可，不宜硬性分层。

8. 芽的异质性与整形修剪有何关系？

枝条的不同部位着生的芽，由于形成和发育时内在和外界条件不同，使芽的质量也不相同，称为芽的异质性。新梢中部的芽和中短枝的顶芽，在形成和发育时外界条件适宜，营养水平较高，芽的发育质量好，外观上也比较饱满充实，其抽生枝条的能力较强，将来抽生的枝条也比较粗壮、叶片大而肥厚。发育质量高的花芽，开花、坐果能力强，坐果率高，果个也大。

芽的异质性与果树的其他生长特性（如顶端优势、层性）有密切关系。着生在枝条先端和短截修剪后剪口附近的饱满芽，其抽生的枝条明显好于下部发育较差的芽所抽生的枝条。这样，就形成了枝条的强弱分布，且是顶端优势和层性形成的原因之一。

在果树整形修剪中，常常利用芽的异质性来调节树体的生长和结果。整形中培养骨干枝时，要在枝条的中部饱满芽处短截。更新复壮结果枝组的结果能力时，常在壮枝、壮芽处回缩或短截。为了缓和枝条的生长势或促发中短枝，往往在一年生枝春秋梢交界处的盲节、枝条基部的瘪芽处短截，或在弱枝、弱芽处回缩，或剪去大叶芽枝饱满的顶芽并留下一些发育弱的侧芽。修剪技术也会影响芽的质量，例如，夏季修剪时，摘去先端旺盛生长的嫩尖，延缓枝梢的生长强度，可以提高芽的发育质量，使弱芽变为壮芽，或叶芽分化为花芽。在葡萄的夏季修剪中，及时摘心和多次摘心，可使花芽形成的部位降低，控制结果部位的上移。

9. 萌芽串稠成技力与整形修剪有什么关系？

枝条上萌发的芽占总芽数的百分率，称萌芽率，它表示枝条上芽的萌发能力，影响枝量增加速度和结果的早晚。不同树种和品种，萌芽率高低不调，例如核果类果树的萌芽率较仁果类果树高，而梨的萌芽率又高于苹果。不同品种的苹果树比较，国光的萌芽率低，而富士、金冠的萌芽率较高。不同枝条类型，萌芽率表现也不同，徒长枝的萌芽率低于长枝，而长枝又低于中枝。不同年龄时期的果树，其萌芽率表现也不同，幼树萌芽率较低，随着树龄的增长，萌芽率相应提高。一般枝条的角度越开张，其萌芽率越高；直立枝条，其萌芽率一般较低。在修剪中，常应用开张枝条角度、抑制先端优势、环剥、晚剪等措施来提高萌芽率。些生长延缓剂如乙烯利，也可用来提高萌芽率。

枝条抽生长枝的数量，表示其成枝的能力，抽生长枝多的，称为"成枝力强"，反之为弱。成枝力强弱对树冠的形成快慢和结果早晚有很大影响，一般成枝力强的树种、品种容易整形，但结果稍晚；成枝力弱的树种、品种，年生长量较小，生长势比较缓和，成花、结果较早，但选择、培养骨干枝比较困难。成枝力的强弱，因树种品种的特性不同而有很大差异，是整形修剪技术的重要依据。成枝力强的苹果品种，例如，美夏，长枝比例大，树冠容易因枝量过多而引起通风透光不良，内部结果少、产量低；修剪时要注意多疏剪，少短截，少留骨干枝。成枝力弱的品种，长枝比例小，苏易培养骨干枝，短截枝的数量应较多，剪截程度亦应稍重；成枝力还与树龄、树势有密切关系，因而肥水管理和土壤肥力也影响成枝力的强弱。一般过旺树成枝力强，仅用修剪来调节比较困难，要通过控水、控氮肥来解决。

10. 顶端优势与整形修剪有什么关系？

果树树冠上部枝条的先端和垂直位置较高的枝芽，其生长势最强，下部的枝芽生长势依次减弱，这种现象称为顶端优势。枝条着生的角度常影响顶端优势的程度，一般枝条直立、角度小时，顶端优势明显，前后生长势差异较大；角度开张的枝条，顶端优势一般不明显，萌发的枝多且先端生长势缓和。利用顶端优势，可以解释一些枝芽生长势强弱的原因和修剪反应，并依据其一般规律，通过修剪技术来控制和调节枝、芽的生长势。例如，要维持中心干健壮和较强的生长势，应选择直立的枝条作为延长枝；为了加强弱枝的生长势，可抬高该枝的角度，在壮枝、壮芽处回缩，从而促进其生长；在控制枝条旺长以延缓其生长势时，可压低枝、芽空间位置，或加大枝条的开张角度。

不同树种、品种之间，其顶端优势的表现程度也不相同，例如，梨的顶端优势比苹果强，幼树期间如果对梨树顶端优势控制不力，就会使树体旺长，上强下弱；推迟结果年限。同一树种的不同品种间顶端优势的表现也不一样，例如，金冠苹果的顶端优势比国光强，若不很好控制，易抱头生长。4 年生枝的下部小枝易早衰，即形成"光腿"枝。因此，在金冠苹果的修剪中，要注意及时控制竞争开张骨干枝的角度，压平辅养枝，用短截一年生枝并结合去强留弱的方法培养枝组。

在角度大的枝条上，先端优势有时表现为背上优势。因此，在压平辅养枝时，易成弓背状，并在中部背上发生大量的直立旺枝。例如元帅系苹果，其背上优势就很明显，易发生大量旺枝，但外围枝生长不理想。在整形修剪中，要熟悉不同树种、品种的顶端优势及其具体表现，以便更有效地调节各类枝条的生长。

11. 枝量与生长结果有什么关系？

果树单株或单位面积上着生一年生枝的总量，称为枝量。它反映了树体生长结果的状况。枝量不足时，产量低，易出现大小年结果现象，枝量过多时，树体养分分散，膛内光照不足，有效短枝相对减少，坐果率低，果实质量差，也易出现大小年结果现象。因此，适宜的枝量既可维持树势健壮，又易丰产、优质。苹果幼树开始结果时，亩枝量达到 2 万~4 万条，可获得 500kg 左右的产量；成龄果园适宜的亩枝量为 8~12 万条。影响枝量的主要因子是树种与品种的萌芽率、成枝力，栽植密度、土壤肥力和肥水条件，以及修剪的轻重和修剪的方法等。栽植密度大、肥水条件好、轻剪的果园，枝量增长快，结果早。

除总枝量外，还要注意骨干枝的数量，比较合理的树体结构是骨干枝比较少，而每个骨干枝上着生的枝条比较多。例如，苹果树疏散分层形，以 5 个主枝、8~10 个侧枝为宜；密植园亦可采用多主枝、不留侧枝的树形。

每个骨干枝上着生的分枝数量对骨干枝的加粗、枝展、延伸范围和生长势有重要影响，在平衡骨干枝之间的生长势时，往往利用各骨干枝上的留枝量来抑强扶弱。为了使辅养枝早结果，一般应轻剪长放；但留枝过多，会使辅养枝加粗过快，甚至其生长势超过骨干枝，从而破坏平衡关系。这是幼树边结果边整形容易出现的问题，应控制辅养枝上的枝量，减少强旺枝条和分枝，并配合压低角度等其他措施加以控制。

12. 枝类组成与生长结果有什么关系？

果树的不同长短枝条数量的比例，称为枝类组成，一般以长、中、短枝及叶丛枝占枝条总量的百分比表示。枝条的长短，反映了这一枝条生长期的长短，如短枝的生长期仅 15～20 天，而长枝的生长期可以延续到秋季。由于枝条的生长期不同，因而制造的同化产物数量以及自留量和输出量亦有差异。从全树来看，长枝比例高，反映其生长势强，枝量增加快；但营养消耗过多，积累较少，往往结果少，质量差。不同树种、品种的生长结果习性不同，进入结果期所需要的枝类组成也不同。例如，桃的南方品种群以中、长果枝结果为主，其中长果枝坐果率高，而且生长健壮，来年花芽充足；而北方品种群长果枝坐果率低，中短枝比例高才能丰产、优质。调整枝类组成是实现幼树早果、早丰和长期高产、稳产的重要技术途径。

枝条长短的比例受树势的影响，也与修剪有关。总修剪量和短截量较大时，长枝较多；轻剪缓放、多疏少截，可以减少长枝的比例，并相应增加中短枝的数量。

13. 什么垂直角度？什么叫分枝角度？它们与整形修剪有什么关系？

果树枝条与垂直方向的夹角，称为垂直角度。垂直角度在 30°以内的称为直立或不开张；40°～60°为半开张；60°～80°为开张或垂直角度大，90°左右为水平；垂直角度大于 90°时称为下垂。垂直角度的大小与顶端优势有密切关系，从而影响到枝条的生长势、枝量、枝类组成．成花结果能力以及树冠内膛的通风透光条件等。垂直角度较大时，枝条生长缓和，枝量增加比较迅速，比较容易成花、结果，树冠内的通风透光条件较好，果实品质优良，树冠内膛大枝的后部易培养结果枝组，而且在衰老更新期膛内易发生更新枝。垂直角度较小时，枝条生长旺盛，枝量增加较慢，长枝比例过高，不易成花、结果，树冠内膛光照条件差，果实品质差，树冠内膛及大枝后部枝条生长弱、易枯死；衰老树回缩大枝进行更新时，仅在锯口附近萌发更新枝，下部不易萌发，因此，更新比较困难。

整形修剪中，不仅要注意干枝上的垂直角度，还需注意骨干枝之间、骨干枝与辅养枝之间在垂直角度上的差异，例如，主干疏层形要求基部主枝垂直角度较大，而上层主枝角度较小，以使膛内通风透光良好。为了保持主枝与侧枝的主从关系，要使侧枝的垂直角度大于主枝，而辅养枝的垂直角度应尽量大些，以便控制其生长势，有利于成花结果。

生产上把加大骨干枝垂直角度的方法，称为开张角度，把加大（或缩小）各种枝头垂直角度的方法，称为压低（或抬高）角度。开张角度的方法，主要是对骨干枝不过重短截、轻剪多留枝、避免选用竞争枝作为骨干枝，以及采用支撑、拉枝和背后枝换头等，还要注意多方法的综合应用。旺树的垂直角度小，重短截有促使枝条直立生长；轻剪、多留枝，可以使枝条生长缓和，其垂直角度也会较大。应用机械方法开张角度，以生长季节枝条比较柔软时进行为宜；休眠期枝脆，支、拉时易折断或劈裂。在新梢刚刚木质化时进行拿枝软化，是压低角度的好办法。枝条与其着生的母枝间的平面夹角，称为分枝角度。分枝角度过小，会形成"夹皮角"，结构不牢固、易劈裂，而且，是枝之间的空间小，影响小枝的生长。分枝角度与树种、品种的生长习性有关，柿、核桃的分枝角度较大，枣的分枝角度较小。在同一枝条上，着生节位高的枝条分枝角度较小；着生节位低的枝条分枝角度较大。为了使侧枝有较大的分枝角度，可以选用着生节位较低的枝条进行培养。

14. 什么叫从属关系？在整形修剪中应如何调整关系？

在整形修剪中，根据所采用树形的树体结构要求，使树冠内中心干与主枝之间、主枝与主枝之间，主枝与侧枝之间、骨干枝与辅养枝之间，在枝量和生长势上的有所不同，使它们之间保持一定的差别，这就是所谓的从属关系。例如，主干疏层形要求中心干强于主枝，下层主枝强于上层主枝，主枝又强于侧枝，骨干枝强于辅养枝。这种从属关系可以保持各骨干枝的发展方向，树冠圆满紧凑，当前生产中往往存在主从不明，或从属关系不符合树体结构的要求，这就需要采用修剪技术来纠正，在调整主从关系时，主要是通过调节各枝的分枝量、枝类组成、开张角度、结果多少来进行。

15. 怎样理解果树修剪的双重作用？

修剪对果树有促进枝条生长、多分枝、长旺枝的局部促进作用；而修剪对果树整体则具有减少枝叶量、减少生长量的抑制作用。这种促进作用和抑制作用同时，在树上的表现，称为修剪的双重作用。枝条短截能减少枝、芽的数量，相对改善枝芽的营养状况，使留下的芽萌发出旺枝，增强局部的生长势；但正是由于减少了枝、芽的数量，使被短截枝条的总生长量也相对减少，这往往表现在对同类枝条处理的差异上。例如，选作骨干枝的一年生枝，在中部饱满芽处短截，剪口发出健壮的新梢，表现出修剪的促进作用；但其总枝叶量因短截而减少，以致加粗生长缓慢，其粗度显著小于不短截的辅养枝，表现出修剪的抑制作用。

疏剪对疏枝口下部的枝条，具有促进生长的作用；而对疏枝口上部的枝条，却具有削弱生长势的作用，这也表现出修剪的双重作用．利用背后枝换头时，既能增强缩剪枝的生长势，又能加大缩剪枝的垂直角度，削弱其总生长量，同样表现出修剪的双重作用。

总之，修剪的双重作用是广泛的，有些是预期达到的，有些是希望避免的，要熟悉不同修剪方法、修剪程度、修剪部位，对果树整体、局部的影响，才能收到良好的效果。

16. 果树的树形可分为哪些类型?

根据树体形状及树体结构,果树的树形可分为有中心干形、无中心干形、扁形、平面形和无主干形。有中心干的树形有:疏散分层形、十字形、变则主干形、延迟开心形、纺锤形和圆柱形等。无中心干的有杯状形、自然开心形。扁形树冠有树篱形和扇形。平面形有棚架形、匍匐形。无主干的有丛状形。

疏散分层形是苹果、梨等乔木果树普遍应用的树形,如三主枝邻近半圆形、主干疏层形、小冠疏层形等。这类树形具有强壮的中心干,主枝分层着生在中心干上,主枝上着生侧枝,主侧枝和中心于上着生结果枝和结果枝组;幼树干性明显,树冠呈圆锥形,随着树冠扩大,逐渐演变为圆头形;上层主枝形成、全树的骨干枝培养完成以后,逐渐落头开心,树冠呈半圆形。近年来,针对大冠树内膛光照差的问题,对此树形进行改造,形成上小下大、层次分明的"凸"字形树冠。这种树形整形容易,其主枝数目、层间距离、侧枝多少、上。上下两层的关系随栽植距离不同而有不同的安排,形成各地不同特色的树形。

纺锤形具有宜立中心干,配置10~12个主枝,主枝上不安排侧枝,结果枝组直接着生在主枝上;主枝角度开张,一般不分层,作均匀分布,枝展小,树冠虽纺锤形,树高达到要求以后,需及时露头。主校延长枝是否进行短截随栽植距离和枝展而定,估计不短截株间树冠也能交接时,即可停止短截。这种树形结构简单,整形容易,修剪量轻,结果早,树冠狭长,适宜密植果园应用。由于栽植距离不同,对树高及枝展有不同的要求,从而形成各种类型的纺锤形。

自然开心形没有中心干,在主干上错落着生主按,主枝上着生侧枝,结果枝组和结果枝分布在主侧枝上。这种树形生长健壮,结构牢固,通风透光良好,结果面积大,适于喜光的核果类果树;梨和苹果也有应用。

丛状形适用于灌木果树，无主干，由地表分枝成丛状，整形简单，成形快，结果早；中国樱桃、石榴等果树常用这种树形。

17. 果树应在什么时期修剪？

果树在休眠期和生长期都可以进行修剪，但不同时期修剪有不同的任务。

休眠期修剪即冬季修剪，从秋季正常落叶后到翌年萌芽前进行，此时，果树的贮藏养分已由枝叶向枝干和根部运转，并且贮藏起来。这时修剪，对养分的损失较少，而且，因为没有叶片，容易分析树体的结构和修剪反应。因此，冬季修剪是多数果树的主要修剪时期；但也有例外，例如，核桃树休眠期修剪会引起伤流，必须在秋季落叶前或春季萌芽后到开花前进行修剪；葡萄萌芽前也有伤流期，修剪要躲过这一时期进行。

冬季修剪要完成的果树主要整形修剪任务是培养骨干枝，平衡树势，调整从属关系，培养结果枝组，控制辅养枝，促进部分枝条生长或形成花芽，控制枝量，调节生长枝与结果枝的比例和花芽量，控制树冠大小和疏密程度；改善树冠内膛的光照条件以及对衰老树进行更新修剪。

生长期修剪分春、夏、秋三季进行。在春季萌芽后到开花前进行的春季修剪，又分为花前复剪和晚剪。花前复剪是冬季修剪任务的复查和补充，主要是进一步调节生长势和花量。例如，苹果的花芽不易识别时，可在冬剪时有意识地多留一些"花芽"，在花芽开绽到开花前进行一次复剪，疏除过多的花芽，回缩冗长的枝组，这样有利于花量控制、提高坐果率和结果枝组的培养。幼树萌芽前后，加大辅养枝的开张角度，同时，进行环剥，以提高萌芽率，增加枝量，这样有利于幼树早结果。晚剪是指对萌芽率低、发枝力差的品种萌芽后再短截，剪除已经萌芽的部分。这种"晚剪"措施，有提高萌芽率、增加枝量和减弱顶端优势的作用，是幼树早结果的常用技术。

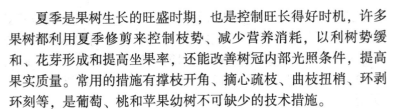

夏季是果树生长的旺盛时期，也是控制旺长得好时机，许多果树都利用夏季修剪来控制枝势、减少营养消耗，以利树势缓和、花芽形成和提高坐果率，还能改善树冠内部光照条件，提高果实质量。常用的措施有撑枝开角、摘心疏枝、曲枝扭梢、环剥环刻等，是葡萄、桃和苹果幼树不可缺少的技术措施。

秋季落叶前对过旺树进行修剪，可起到控制树势和控制枝条旺长的作用。此时，疏除大枝，回缩修剪，对局部的刺激作用较小，常用于一些修剪反应敏感的树种、品种。秋季剪去新梢未成熟或木质化不良的部分，可使果树及早进入休眠期，有利于幼树越冬。生长期修剪损失养分较多，又能减少当年的生长量，修剪不宜过重，以免过分削弱树势。

总之，不同时期的修剪各具有一些特点，生产上应根据具体情况相互配合、综合应用。目前，生产上往往只重视冬季修剪而忽视生长期修剪，这是不对的。

18. 果树修剪有哪些基本方法？什么叫短截？

果树修剪的基本方法有短截、疏枝、回缩、缓放、除萌、摘心、弯枝、扭梢、拿枝软化、环刻、环剥等。

短截是指将一年生枝剪去一部分，按剪截量或剪留量区分，有轻短截之中短截。重短截和极重短截4种方法。适度短截对枝条有局部刺激作用，可以促进剪口芽萌发，达到分枝、延长、更新、控制（或矮壮）等目的；但短截后总的枝叶量减少，有延缓母枝加粗的抑制作用。

轻短截的剪除部分一般不超过一年生枝长度的1/4，保留的枝段较长，侧芽多，养分分散，可以形成较多的中、短枝，使单枝自身充实中庸，枝势缓和，有利于形成花芽，修剪量小，树体损伤小，对生长和分枝的刺激作用也小。

中短截多在春梢中上部饱满芽处剪截，剪掉春梢的1/3~1/2。截后分生中、长枝较多，成枝力强，长势强，可促进生长，一般用于延长枝、培养健壮的大枝组或衰弱枝的更新。重短截多在春梢中下部半饱满芽处剪截：剪口较大，修剪量亦长，对枝条的削弱作用较明显。重短截后一般能在剪口下抽生 1~2 个旺枝或中、长枝，即发枝虽少但较强旺，多用于培养枝组或发枝更新。

极重短截多在春梢基部留 1~2 个瘪芽剪截，剪后可在剪口下抽生 1~2 个细弱枝，有降低枝位、削弱枝势的作用。极重短截在生长中痛的树上反应较好，在强旺树上仍有可能抽生强枝。极重短截一般用于徒长枝，直立枝或竞争枝的处理以及强旺枝的调节或培养紧凑型枝组。

不同树种、品种，对短截的反应差异较大，实际应用中应考虑树种、品种特性和具体的修剪反应，掌握规律、灵活运用。

19. 什么叫疏枝？有什么作用？

将枝条从基部剪去叫疏枝。一般用于疏除病虫枝、干枯枝、无用的徒长枝、过密的交叉枝和重叠枝以及外围搭接的发育枝和过密的辅养枝等。疏枝的作用是改善树冠通风透光条件，提高叶片光合效能，增加养分积累。疏枝对全树有削弱生长势力的作用。就局部讲，可消渴戴赡口以上附近枝条的势力，并增强剪锯口以下附近枝条的势力。为增强剪锯口以下附近枝条的势力。剪锯口越大，这种削弱或增强作用越明显。疏枝的削弱作用大小，要看疏枝量和疏枝粗度。去强留弱，疏枝量较多，则削弱作用大，可用于对辅养枝的更新；若疏枝较少，去弱留强，则养分集中，树（枝）还能转强，可用于大枝更新。疏除的枝越大，削弱作用也越大，因此，大枝要分期疏除，不可疏除过多。

20. 什么叫回缩？有何作用？

短截多年生枝的措施称回缩修剪，简称回缩或缩剪。回缩的部位和程度不同，其修剪反应也不一样，例如在壮旺分枝处回缩，去除前面的下垂枝、衰弱枝，可抬高多年生枝的角度并缩短其长度，分枝数量减少，有利于养分集中，能起到更新复壮作用；在细弱分枝处回缩，则有抑制其生长势的作用，多年生枝回缩一般伤口较大，保护不好也可能削弱锯口枝的生长势。

总之，回缩的作用有2个方面，一是复壮作用；二是抑制作用。生产上抑制作用的运用如控制陡壮辅养枝、抑制树势不平衡中的强壮骨干枝等。复壮作用的运用也有2个方面，一是局部复壮，例如，回缩更新结果枝组、多年生枝回缩。换头复壮等；二是全树复壮作用，主要是衰老树回缩更新骨干枝，培养新树冠。

回缩复壮技术的运用应视品种、树龄与树势、枝龄与枝势等灵活掌握。一般树龄或枝龄过大、树势或枝势过弱的，复壮作用较差。国光品种在4年生枝上回缩效果仍较好，白龙品种则宜在3年生以下枝上回缩。潜伏芽多且寿命长的品种，回缩复壮效果明显。因此，局部复壮、全树复壮均应及早进行。

21. 什么叫缓放？有何作用？

缓放是相对于短截而言的，不短截即称为缓放。缓放保留的侧芽多，将来发枝也多；但多为中短枝，抽生强旺枝比较少。缓放有利于缓和枝的势、积累营养，有利于花芽形成和提早结果。

缓放枝的枝叶量多，总生长量大，比短截枝加粗快。在处理骨干枝与辅养枝关系时，如果对辅养枝缓放，往往造成辅养枝加粗快，其枝势可能超过骨干枝。因引，在骨干枝较弱，而辅养枝相对强旺时，不宜对辅养枝缓放；可采取控制措施，或缓放后将其拉平，以削弱其生长势。同样道理，在幼树整形期间，枝头附近的竞争枝、长枝、背上或背后旺枝均不宜缓放。缓放应以中庸枝为主；当长旺枝数量过多且一次全部疏除修剪量过大时，也可以少量缓放，但必须结合拿枝软化、压平、环刻、环剥等措施，以控制其枝势。上述缓放的长旺枝第二年仍过旺时，可将缓放枝上发生的旺枝或生长势强的分枝疏除，以便有效实行控制，保持缓放枝与骨干枝的从属关系，并促使缓放枝提早结果，使其起到辅养枝的作用。

　　生产上采用缓放措施的主要目的，是促进成花结果；但是不同树种、不同品种、不同条件下从缓放到开花结果的年限是不同的，应灵活掌握。另外，缓放结果后应区别不同情况，及时采取回缩更新措施，只放不缩不利于成花座果，也不利于通风透光。

　　22. 什么叫摘心？有何作用？

　　摘心是在新梢旺长期，摘除新梢嫩尖部分。摘心可以削除顶端优势，促进其他枝梢的生长；经控制，还能使摘心的梢发生副梢，以削弱枝梢的生长势，增加中、短枝数量；有些树种、品种还可以提早形成花芽。幼旺苹果树的新梢年生长量很大，在外围新梢长到30cm时摘心，可促生副梢，当年副梢生长亦可达到培养骨干枝的要求；冬季修剪多留枝，减轻修剪量，有利于扩大树冠、增加枝条的级次。葡萄花前摘心可以控制过旺的营养生长，有利于养分向花器供应，以提高坐果率；花后对副梢不断摘心，有利于营养积累、侧芽的发育和控制结果部位的外移，此外，桃、苹果幼树可以通过摘心来培养结果枝组。苹果、桃幼树秋季停止生长晚，易引起冻害和抽条，晚秋摘心可以减少后期生长，有利于枝条成熟和安全越冬。

　　23. 什么叫环刻、环剥？有何作用？

　　环刻是在枝干上横切一圈，深达木质部，将皮层割断。若连刻两圈，并去掉2个刀口间的一圈树皮，即称为环剥。若只在芽的上方刻一刀，即为刻芽或刻伤。这些措施有阻碍营养物质和生长调节物质运输的作用，有利于刀口以上部位的营养积累、抑制生长、促进花芽分化、提高坐果率、刺激刀口以下芽的萌发和促生分枝。环剥对根系的生长亦有抑制的作用；过重的环剥会引起树势的衰弱，大量形成花芽，降低坐果率，对生产有不利影响。环刻、环剥的时期、部位和剥口的宽度，要因树种、品种、树势和目的灵活掌握，一般要求剥口在20～30天能愈合；为了促进愈伤组织的生长，常采用剥口包扎旧报纸或塑料薄膜的方法，以增加湿度，还可防止小透羽等害虫的为害。环剥常用于适龄不结果的幼树，特别是不易形成花芽的树种。品种。密植因为了早结果，以果实的消耗来控制树冠的扩大，常常进行环剥，甚至在主干上进行。

果树的修剪方法是多种多样的，在实际应用时，要综合考虑，要多种方法互相配合。

24. 如何正确进行剪枝、锯技操作？如何护理伤口？

剪枝和锯枝都要有正确的操作方法。短截时应从芽的对面下剪，剪口要成45°斜面，斜面上方和芽尖相平，最低部和芽基部相平。冬季修剪往往剪口干缩一段，剪口芽易受害，影响萌发和抽枝，因此，剪口应高出剪口芽0.5cm。疏枝时，顺着树枝分叉的方向或侧下方剪，剪口成缓斜面。剪较粗的枝时，一手握修枝剪，一手把住枝条并向剪口外方轻推，以保持剪口平滑。去大枝一定要用锯，以防劈裂。

锯除粗大枝时，可分2次锯除，即先锯除上部并留残桩，然后再去掉残桩；或先由基部下方锯进枝的1/3~1/2，然后由上方向下锯除，这样可防止劈裂。锯口应成最小斜面，平滑，不留残桩。

锯掉大枝要做好锯口护理工作，以加速愈合，防止冻害和病虫为害。锯口要用利刀把周围的树皮和木质部削平，并用2%硫酸铜水溶液或0.1%升汞水消毒，消毒后再徐保护剂。常用的保护剂为锯油、油漆或铜制剂。铜制剂配制的方法是先将硫酸铜和熟石灰各2kg，研制成细粉末，倒入2kg煮沸的豆油中，充分搅拌，冷却后即可使用。

25. 什么叫简化修剪？

传统的修剪方法比较复杂，难于掌握，而且费工；生产中情况千差万别，技术灵活性很大，需要一定的熟练技术才能搞好修剪工作，故给普及推广带来一定困难。简化现有的修剪技术，对发展生产、提高劳动效率、增加收入都有一定的作用。

简化修剪是在保证实现修剪作用和修剪目的前提下，即保证早结果、早丰产、稳产、优质、长寿的前提下进行的，包括树形的简化和操作技术的简化。

简化树体结构是简化修剪的基础，如小冠密植苹果可采用结构简单的树形：纺锤形只有主枝，没有侧枝，结果枝和结果枝组着生在主枝上圆柱形无主枝，枝组直接着生在中心干篱形整枝是以一行树为一个单位进行整形，不适于强调个体树体形。

修剪技术的简化主要有放缩法和短枝型修剪两种。放缩法是对骨干枝枝头进行中短截修剪，疏除密挤枝、徒长枝、病虫枝、细弱枝，留下的发育枝缓放不剪，并用压平、环剥、环刻和控制旺枝等方法，使之及早形成花；结果后依生长势的强弱，决定继续缓放，还是回缩。一般较小的枝缓放出短果枝，形成花芽后即可回缩，以培养结果枝组。修剪反应敏感的品种，可在结果后1~3年再回缩；这种剪法以放为主，强的放、弱的缩，放缩结合维持树势的均衡，调节局部生长与结果的关系。此法可在密植苹果、梨树上应用。

短枝型修剪是通过修剪人为地造成类似短枝型的一种简化修剪方法。修剪时，除各级枝头中短截外，其余一年生发育枝，按强、中、弱分别截留基部4个、3个、2个次饱满芽；很少长放或疏枝，夏季对较长新梢再次重短截1~2次；如此连续短截，直至形成大量短枝和中庸枝，才缓放促花。此法除矮化砧苹果应用外，葡萄的短梢修剪也属此类。

以上2种简化修剪，要根据立地条件、树种、品种、管理水平来采用。立地条件好，气候温和，雨量充沛，管理条件优越，生长量大，生长势强，发枝量多的品种，可采用放缩法修剪；相反则可用短枝型修剪法。无论哪种方法，都需与春季修剪、生长调节剂的应用结合起来，这样才能收到更好的效果。

参考文献

杜纪壮，李良瀚．2006．苹果优良品种及无公害栽培技术[M]．北京：中国农业出版社．

冯社章，赵善陶．2007．果树生产技术（北方本）[M]．北京：化学工业出版社．

郭晓成，韩明玉，严潇，等．2005．桃树树形及整形修剪技术[J]．北方园艺（5）：29-31．

黄宏文．2001．猕猴桃高效栽培[M]．金盾出版社．

李昌珠，蒋丽娟．2004．板栗品种雌雄异熟的生物学特性[N]．果树学报，21（2）：179-180．

马骏，等．2006．果树生产技术（北方本）[M]．北京：中国农业出版社．

曲泽州，等．1984．果树栽培学（第二版）[M]．北京：中国农业出版社．

曲泽州，等．1987．果树栽培学（第二版）[M]．北京：中国农业出版社．

宋丽润．2001．林果生产技术（北方本）[M]．中国农业出版社．

王志强，刘淑娥，等．2003．油桃新品种"中油桃4号"[N]．园艺学报，30（5）：631．

于泽源．2005．果树栽培[M]．北京：高等教育出版社．

朱更瑞．2006．怎样提高桃栽培效益[M]．北京：金盾出版社．